Johann August Schülein · Karl-Michael Brunner · Horst Reiger

Manager und Ökologie

Johann August Schülein · Karl-Michael Brunner
Horst Reiger

Manager und Ökologie

Eine qualitative Studie zum Umweltbewußtsein von Industriemanagern

Westdeutscher Verlag

Der Westdeutsche Verlag ist ein Unternehmen der Verlagsgruppe Bertelsmann International.

Umschlaggestaltung: Horst Dieter Bürkle, Darmstadt
Druck und buchbinderische Verarbeitung: Langelüddecke, Braunschweig
Gedruckt auf säurefreiem Papier
Printed in Germany

ISBN 3-531-12607-5

Inhaltsverzeichnis

Vorbemerkung

Die hier vorgelegte Studie zum Umweltbewußtsein von Industriemanagern wäre ohne die Mithilfe der Manager und ihrer Bereitschaft zum Interview nicht möglich gewesen. Dafür möchten wir Dank sagen. Danken möchten wir auch der Wiener Handelskammer für die finanzielle Unterstützung der Untersuchung.

Diese Studie hat Pilotcharakter. Die dargestellten Ergebnisse müßten durch weitergehendere Forschungsarbeiten fundiert und geprüft werden. Eingedenk aller Beschränkungen hoffen wir trotzdem, daß unsere Untersuchung neue Erkenntnisse bietet - nicht nur für Manager, sondern auch für eine breitere, interessierte Öffentlichkeit.

Für die Durchführung der Studie zeichnet das gesamte Projektteam verantwortlich. Die schriftliche Abfassung wurde arbeitsteilig vorgenommen: Teil 3 wurde von Horst Reiger angefertigt, Teil 4 von Johann August Schülein und Teil 5 von Karl-Michael Brunner. Alle anderen Kapitel wurden vom Forschungsteam gemeinsam verfaßt.

1. Zum Stand der Diskussion

1.1 Gesellschaft und Ökologie

Die Belastungen und möglicherweise irreversiblen Schädigungen der natürlichen Umwelt haben in den letzten zwei Jahrzehnten zunehmend gesellschaftliche Aufmerksamkeit erzwungen. Die Umweltproblematik wird aber von den gesellschaftlichen Teilsystemen (Politik, Wirtschaft, Wissenschaft usw.) unterschiedlich wahrgenommen (bedrohlich/lösbar), definiert (wie ist das Problem zu bestimmen?) und im Hinblick auf mögliche Strategien des Umgangs betrachtet (technisch/politisch). Trotz gesteigerter Aufmerksamkeit und verschiedenster Handlungsstrategien hat sich die Brisanz der gesellschaftlichen Naturzerstörung weiter verschärft. Weizsäcker (1989) z.B. konstatiert, daß keines der großen ökologischen Probleme (Energieverbrauch, Verkehr, industrialisierte Landwirtschaft, schwindende biologische Vielfalt, ökologische Zerstörungen in der Dritten Welt) bisher gelöst wurde. Ähnliche Befunde haben das World-Watch-Institute (1992) und der "Club of Rome" (1991) vorgelegt. Nach letzterem wurde die kritische Schwelle bereits überschritten, "jenseits derer die Folgen menschlicher Einwirkung die Umwelt ernsthaft zu schädigen drohen, mit möglicherweise irreversiblen Folgen" (Club of Rome 1991, 26).

Die moderne Gesellschaft scheint Schwierigkeiten zu haben, sich auf das Umweltproblem einzustellen und Lösungen dafür zu finden. Für die Systemtheorie ist das nicht erstaunlich. Luhmann (1986, 1989) geht davon aus, daß moderne Gesellschaften einen hochkomplexen, funktional ausdifferenzierten Charakter aufweisen. Dies bedeutet, daß die jeweiligen gesellschaftlichen Subsysteme (Politik, Wissenschaft, Wirtschaft etc.) sich selbst steuernde Systeme sind und dadurch eine hohe Eigenständigkeit und Leistungsfähigkeit gewonnen haben. Jedes Subsystem funktioniert auf Grundlage eines subsystemspezifischen Codes, z.B. das System Wirtschaft auf dem Code Zahlen/Nichtzahlen. Für jedes System sind nun alle anderen Systeme Umwelt, für das Gesellschaftssystem ist nach der Luhmannschen Konzeption die natürliche

Umwelt auch Umwelt. Dies erklärt auch, warum sich die Subsysteme weitgehend nur um ihre eigenen Probleme kümmern und alle anderen Probleme in ihre Umwelten abschieben. Bezüglich der ökologischen Frage geht es nun darum zu fragen, welche Resonanz dieses Thema in der Gesellschaft findet: "Ökologie ist für die heutige Gesellschaft eine Form, eine Frage der Semantik, eine Beschreibung, mit der die Gesellschaft sich selbst auf Grenzen ihres eigenen Könnens und auf Betroffenheit im Verhältnis zur Umwelt aufmerksam macht, sich sogar alarmieren kann" (Luhmann 1989, 19). Zentral ist die Frage, ob die Funktionssysteme außerhalb ihrer Funktionsbereiche überhaupt in der Lage sind, auf die Problematik ökologischer Gefährdungen einzugehen, da es zwar eine Vielzahl an Adressaten für dieses Thema gibt, jedoch keinen generellen Überwachungs- und Koordinationsmechanismus, d.h. es fehlt aus dieser Sicht ein generalisiertes Medium im Umgang mit Risiken. Ökologische Resonanz wäre nur möglich, wenn die ökologischen Probleme jeweils in subsystemspezifischer Weise formuliert würden und damit für das jeweilige Subsystem bearbeitbar gemacht würden. Für das Subsystem Wirtschaft hieße dies, daß es in der "Sprache der Preise" für das ökologische Thema hoch resonanzfähig ist, jedoch nicht in der Sprache der Moral oder der Selbstbeschränkung. Faßt man die Subsysteme als weitgehend abgeschlossene Systeme, so stellt sich das Problem der systemübergreifenden Integration. Plausibilität kann bei dieser Konzeption die Annahme beanspruchen, daß sich Subsysteme primär zuerst auf ihre Codes hin resonanzfähig zeigen und ihrem Eigensinn und ihrer Funktion nach zu arbeiten trachten. Willke (1989) charakterisiert als tiefgreifendes Dilemma moderner Gesellschaften, daß das Prinzip funktionaler Differenzierung die Independenzen der Funktionssysteme verstärkt, gleichzeitig aber das Prinzip der Geschlossenheit der Subsysteme zu Independenzen führt. Die Teilsysteme würden massive negative Externalitäten für ihre gesellschaftliche Umwelt produzieren, ohne jedoch eine intersystemische Reflexion anzustellen. "Reflexive Rationalität" wäre notwendig, damit die Subsysteme ihre "kollektive Ignoranz" (Willke 1989, 127) überwinden. Es ist jedoch die Frage zu stellen, ob die Interpenetration der Systeme längerfristig nicht stärker ausgeprägt ist als die Systemtheorie annimmt.

In diese Richtung denkt Beck (1986, 1991). Er hat mit der These der "Risikogesellschaft" ebenfalls auf die Selbstgefährdungen moderner Gesellschaften aufmerksam gemacht. Beck geht davon aus, daß die Industriegesellschaft in eine Risikogesellschaft übergegangen sei. Risikogesellschaft meint, daß die Schattenseiten des industriellen Fortschritts immer mehr die gesellschaftlichen Auseinandersetzungen bestimmen und die "Selbstgefährdung", die "Zerstörung der Natur" zum Movens der Geschichte werden. Ökologische und andere Risiken seien im Unterschied zu den traditionellen industriellen Risiken dadurch gekennzeichnet, daß sie

- weder örtlich noch zeitlich noch sozial eingrenzbar,
- nach den geltenden Regeln von Kausalität, Schuld, Haftung nicht zurechenbar und
- nicht kompensierbar bzw. versicherungsfähig sind.

Die Nebenfolgen industrieller Produktion treten immer stärker hervor und gefährden die Gesellschaft. Risiken seien industriell produziert, würden ökonomisch externalisiert, juristisch individualisiert, naturwissenschaftlich legitimiert und politisch verharmlost. Durch diese Risiken komme es zu Polarisierungen und Spaltungen, die quer zu den traditionellen Konfliktlinien von Kapital und Arbeit liegen, aber auch quer durch die gesellschaftlichen Subsysteme gehen. Diese Konfliktstruktur werde aber die etablierten Institutionen überfordern und zu strukturellen Widersprüchen zwingen, was eine "reflexive Modernisierung" wahrscheinlich werden lasse.

Im Unterschied zu Luhmann legt Beck mehr Aufmerksamkeit auf interne Widersprüche der Systeme. Das Ökologiethema stehe quer zu den traditionellen Unterscheidungen und bringe bedeutende sozialstrukturelle Veränderungen mit sich. Im Falle der Wirtschaft beispielsweise trenne es (Risiko-)Gewinner von (Risiko-)Verlierern: während die einen mit dem Umweltschutz Gewinne machen können, sind andere z.B. wegen einer verwüsteten Umwelt im Fremdenverkehr Verlierer.

Sowohl Luhmann als auch Beck bieten Interpretationslinien für den Zusammenhang von Gesellschaft und Ökologie an, die beachtenswert sind: zum einen der Ausgangspunkt von der funktionalen Ausdifferenzierung der Gesellschaft und der spezifischen, eingeschränkten Resonanzfähigkeit der Subsysteme (Rationalität der systemspezfischen Codes); zum anderen die These von der internen Widersprüchlichkeit der Systeme im Hinblick auf das ökologische Thema (das Aufeinanderprallen unterschiedlicher Rationalitäten hat Widersprüchlichkeiten in den Subsystemen zur Folge).

1.2 Wirtschaft und Umwelt: Das Management im Spannungsfeld von ökonomischer und sozial-ökologischer Rationalität

Die industrielle Produktionsweise hat zu einem großen Teil die Umweltprobleme mitbewirkt. Auch wenn es umstritten ist, ob Wirtschaftsunternehmen strukturell die "bedeutendsten Umweltsünder sind" (Pfriem 1992, 97) oder ob die steigenden Bedürfnisse der Menschen und das daraus resultierende Anspruchsniveau Ursache für die Umweltzerstörung sind, also letztlich alle Gesellschaftsmitglieder mehr oder weniger mitverantwortlich sind (Scharrer 1990), spielt die wachstums- und gewinnorientierte Wirtschaft eine sehr wichtige Rolle im Prozeß der Umweltzerstörung. Die Wirtschaft muß die Ökologiethematik zunehmend aufnehmen, wenn sie den "externen Anspruchsgruppen" (Verbraucher, Staat, Verbände usw.) in ökologischer Hinsicht genügen will. Auch Gewinn- und Imagegründe lassen Unternehmen zunehmend ökologische Dimensionen in ihr Handeln aufnehmen. Seit Mitte der 80er Jahre ist eine ungeheure Publikationsflut um die Themen "Ökonomie und Ökologie" sowie "Umweltmanagement" entstanden. Die wirtschaftlichen Dimensionen des Umweltthemas sind zunehmend deutlich geworden, auch im Kontext der Diskussion um die Internalisierung der Umweltkosten in das Unternehmen, im Zuge von Zukunftsinvestitionen bzw. staatlichen Eingriffen in unternehmerisches Handeln. Vor allem die (Nicht-)Vereinbarkeit von einzelwirtschaftlicher Gewinnorientierung und gesamtgesellschaftlichen Folgekosten wird diskutiert: die Gewinnorientierung privatkapitalistischer Unternehmen bewirke, daß Kosten, die aus Nutzung bzw. Verschmutzung natürlicher Ressourcen resultieren, an die Gesellschaft abgewälzt werden. Unternehmen externalisieren also die ökologischen und sozialen Kosten an die

Gesellschaft. Wenn das primäre Unternehmensziel Gewinnerzielung ist, dann ist ein solches Handeln verständlich. Aus der Sicht der Unternehmen ist Umweltnutzung umsonst, weshalb wenig Anreiz besteht, Umwelt sparsam und rationell zu nutzen. Im Vergleich zu Kapital und Arbeit erscheint Natur als "stummer und...ausgebeuteter, dritter Produktionsfaktor" (Simonis 1988, 34). Zum einen gibt es keine Preise für Umwelt, zum anderen brauchen externe Effekte der Produktion in Form von Umweltbelastungen nicht kalkuliert zu werden (Steger 1988, 45). Das ökologische Prinzip der Stabilität gerät so in Konflikt mit dem ökonomischen Prinzip des Wachstums (Simonis 1988).

Als Konsequenz der einzelwirtschaftlichen Rationalität ergeben sich negative Folgekosten für Gesellschaft und Natur. Was aus der Sicht des Einzelunternehmens als durchaus vernünftige mikroökonomische Entscheidung erscheint (möglichst hohe Gewinne bei möglichst niedrigen Aufwendungen), erweist sich gesamtgesellschaftlich als problematisch. In einer entwickelten Marktwirtschaft fungieren Preise als Orientierungs- und Regelgrößen. Die sozialen und ökologischen Folgekosten sind in Rechnungslegung und Kalkulation nicht erfaßt und werden auf die Allgemeinheit abgewälzt (Barben/Dierkes 1991). Obzwar es in letzter Zeit Versuche gibt, "die heimlichen Kosten des Fortschritts" (Leipert 1989) in die betriebswirtschaftliche (z.B. Öko-Bilanz) bzw. volkswirtschaftliche Rechnung (Stratmann-Mertens/Hickel/Priewe 1991) zu integrieren, hat diese Sichtweise noch lange nicht das Wirtschaftssystem erfaßt.

Doch auch Unternehmen agieren in einem sozialen, politischen und kulturellen Umfeld. Die ökonomische Rationalität wird mit anderen Rationalitäten konfrontiert wie z.B. der politischen, die durch Machterhaltung, Legitimationsbedarf, Handeln in kurzfristigen Perioden, Katastrophenmanagement usw. gekennzeichnet ist. Durch eine zunehmend sensibilisierte Öffentlichkeit (Bürgerinitiativen, Medien) gerät das politische System unter Handlungsdruck. Unternehmen sehen sich dann mit verschärften gesetzlichen Auflagen konfrontiert, auf die sie reagieren müssen. Mit entsprechender Kritik an der politischen Rationalität wird von seiten der Wirtschaft nicht gespart: aus der Sicht der Unternehmen erscheint dieser Aktivismus als eine Gesetzesflut, als

Bürokratismus und kurzfristiges Agieren. Politische Rahmenbedingungen sind aber unverzichtbar für das Funktionieren der Wirtschaft. Der Staat als "Soll-Wert-Geber" (Steger 1988) wird von seiten der Wirtschaft begrüßt, da Gesetze wettbewerbsneutral sind und die Grundvoraussetzungen des Wirtschaftens garantieren. Jedoch wird Kritik an den Defiziten einer regulativen Umweltschutzpolitik geübt, die reaktiv, kurzfristig orientiert und innovationshemmend sei. Die Planungseuphorie der 70er Jahre ist gewichen, Erfahrungen mit der mangelnden Steuerungsfähigkeit des Staates (Vollzugsdefizite, Zentralisierung), mit umweltbewußten Konsumenten und mit einer kritischen Öffentlichkeit haben in letzter Zeit ein Umdenken bewirkt. Die Frage von Kontrolle und Einflußnahme des Staates wird zunehmend abgelöst von der Frage nach der Selbstkontrolle der gesellschaftlichen Teilsysteme. Nicht das Verschieben der Probleme auf andere sei eine produktive Problemlösung, sondern die Handlungspotentiale in Wirtschaft und Gesellschaft selbst sind heute gefragt (Tippelt/Zimmermann 1991). Für den Zusammenhang von Wirtschaft und Umwelt bedeutet dies, daß die Unternehmen das Problem Umwelt zunehmend zu integrieren versuchen: zum einen, weil sich die Ökologie als prinzipiell gewinnträchtiger Bereich erwiesen hat (z.B. Umweltschutzindustrie, "grüne" Produkte usw.), zum anderen, weil ein Abblocken Handlungszwänge erzeugen kann, die sich längerfristig als teurer und imageschädigender erweisen können als aktives Handeln.

Somit gehen immer mehr Unternehmen umweltpolitisch in die Offensive: von den Unternehmen werden "proaktive Handlungsmuster" (Fülgraff 1991a, 991b), ein antizipierendes Handeln im Hinblick auf Umweltbelange gefordert; die Betriebe müßten stärker ihre "soziale Verantwortung" wahrnehmen, die sie in der Gesellschaft neben der Gewinnorientierung auch hätten (Steger 1991), eine "umweltorientierte Unternehmensführung" (Winter 1987, 1992) sei angesagt, d.h. alle Bereiche und Ebenen eines Unternehmens sollten die Aufgabe des Umweltschutzes annehmen und verwirklichen. Unternehmen müßten sich als "Akteure des ökologischen Strukturwandels" (Pfriem 1992) verstehen und die ökologische Herausforderung nicht nur unter Rentabilitätskalkülen und PR-Maßnahmen wahrnehmen, sondern selbst ökologisch lern- und fortschrittsfähig werden. Kritisch wird jedoch oft eingewendet, daß viele

Unternehmen zwar auf der Ebene des normativen Managements (Unternehmensphilosophie, -kultur, -ethik) Aufgeschlossenheit demonstrieren, jedoch im strategischen und operativen Bereich wie bisher weitermachen. Während vordergründige PR-Aktivitäten und rhetorische Stellungnahmen relativ leicht zu bewerkstelligen sind, stellen sich im Unternehmensalltag Handlungsbarrieren, Konkurrenzdruck, Imageprobleme, Absatzschwierigkeiten u.ä. der "ökologischen Herausforderung" entgegen. Pfriem meint, daß Unternehmen mit einer aktiven unternehmenspolitischen Konzeption versuchen können, ihrer Stellung und Verantwortung in der Gesellschaft gerecht zu werden, da die ökologische Aufgabe nicht einseitig an den Staat und politische Instanzen delegiert werden könne. Dies bedeute aber, daß sich Unternehmen nicht wie bisher nur als ökonomische, technische und soziale Gebilde begreifen sollten, sondern auch als "ökologische Subsysteme der Gesellschaft (...), die über den gesamten ökologischen Produktlebenszyklus - von der Rohstoff- und Energiegewinnung über die Fertigung bis hin zu Verwendung und Entsorgung von Produkten, außerdem hinsichtlich der erfolgreichen Transportaufwände - Entscheidungen treffen, aus denen ein Mehr oder Weniger an ökologischen Schäden und Zerstörungen resultiert" (Pfriem 1992, 91).

Wie bereits erwähnt werden Unternehmen in ihrem Handeln mit unterschiedlichen Rationalitäten konfrontiert. Auch wenn oftmals die Rationalität des politischen Systems beklagt wird (Kurzfristigkeit, Opportunismus, Lavieren usw.), auch wenn die "Irrationalität" der Öffentlichkeit und politischer Gruppierungen festgestellt wird (Emotionalisierung des Themas, Ängste, Skandalisierung durch die Medien usw.), sind diese der ökonomischen Rationalität entgegenstehenden Rationalitäten Realitäten, auf die sich die Unternehmen einstellen müssen. Barben/Dierkes stellen die doppelte Schwierigkeit des Rationalitätscodes des ökonomischen Erfolg fest, "daß einerseits andere gesellschaftliche Akteure mit anderen Rationalitäten sich dem entgegenstellen und deren Berücksichtigung einklagen, und daß er andererseits der Vielschichtigkeit der heute und in Zukunft zu lösenden Probleme sachlich nicht angemessen ist" (Barben/Dierkes 1991, 236). Die Wirtschaft kann sich gegenüber "externen Anspruchsgruppen" nicht abschotten, sondern muß vielfältige Vernetzungen herstellen. Anstelle von reaktiven Handlungsmustern aufgrund vom äußerem Druck sei immer mehr antizipatives und selbsttätiges Handeln der Unternehmen angebracht.

Für Steger (1988, 1991) ist eine strategische ökologische Unternehmensplanung notwendig. Im Rahmen dieser Planung sind die Entscheidungsträger besonders angesprochen. Wenn Umweltschutz zur "Chefsache" erklärt wird, wie der Bundesdeutsche Arbeitskreis für Umweltbewußtes Management (B.A.U.M.) nahelegt (vgl. Ehrenkodex in Glauber/Pfriem 1992, 244ff.), dann sind die Manager in diesem Prozeß besonders gefordert. Wenn man Öko-Pionier-Unternehmen untersucht, dann zeige sich, daß die stärksten Impulse von der Geschäftsführung kämen: "Persönliches Engagement und glaubwürdiges Handeln der Führungskräfte waren die entscheidenden Erfolgsvoraussetzungen" (Steger 1988, 233). Huber (1991) konstatiert, daß Top-Down-Strategien erforderlich seien, da Umweltschutz nicht eine rein technische und nachträgliche Sache sei, sondern die Integration in die unterschiedlichen Bereiche des Unternehmens (Produktion, Beschaffung, Marketing, Forschung und Entwicklung usw.) verlange. Ist ein "Kurswechsel" (Schmidheiny 1992) angesichts der sozial-ökologischen Probleme der (Welt-)Gesellschaft notwendig, dann wäre die Führungsrolle der Wirtschaft und insbesondere der Unternehmer gefragt.

1.3 Das Umweltbewußtsein im Spiegel empirischer Ergebnisse

Welche Resonanz finden nun derartige (normative) Anforderungen bzw. Entwürfe im Bewußtsein der Bevölkerung, insbesondere der Manager? Daß der Schutz von Natur und Umwelt für die überwiegende Mehrheit der Bevölkerung in den westlichen Industriestaaten zu den wichtigsten und dringlichsten gesellschaftspolitischen Aufgaben zu zählen ist, geht aus demoskopischen Untersuchungen, die seit Beginn der 80er Jahre regelmäßig durchgeführt werden, eindeutig hervor (vgl. z.B. Kessel/Tischler 1984). Parallel dazu werden Wirtschaftswachstum und technischer Fortschritt zunehmend skeptisch beurteilt (für die BRD vgl. Strumpel 1986). Die Umfragen zeigen, daß in der Bevölkerung bestimmte Einstellungen bzw. Erwartungen gegenüber der Industrie (und damit auch deren Entscheidungsträger) hinsichtlich ökologischer Belange vorherrschen. Beispielsweise steht für eine deutliche Mehrheit der bundesdeutschen Bevölkerung fest, daß die Industrie für bestimmte Umweltprobleme wie Luftverschmutzung und Waldsterben hauptverantwortlich zeichnet (IPOS 1986); weiters wird der Industrie die Hauptverantwortung für Produkte, die die Umwelt belasten (wie Waschmittel, Farben und Lacke), zugeschrieben (Börg/Matheisen/Voltenauer-Lagemann 1983). Die vor allem in letzter Zeit zu beobachtenden Bemühungen von Unternehmen im Bereich des Öko-Marketing (Brandt/Hansen/Schönheit/Werner 1988), insbesondere durch genauere Information über die besondere Umweltverträglichkeit der Produkte eine höhere Produktakzeptanz bei den Konsumenten zu erzielen, werden skeptisch beurteilt: in einer für Österreich repräsentativen Umfrage bezeichnen nur 4% der Befragten die Produkthinweise, die Unternehmen zur genaueren Definition der Umweltverträglichkeit an Verpackung oder direkt am Produkt anbringen, als "sehr glaubwürdig", weitere 27% als "glaubwürdig". Dieses Ergebnis läßt sich als Hinweis darauf deuten, daß das Vertrauen, das der Industrie bei der Lösung von Umweltproblemen von andern Gesellschaft entgegengebracht wird, generell als relativ gering einzuschätzen ist (Beutelmeyer/Baco/Koller/Starmayr 1992; Dierkes/Fietkau 1988). Die vorliegenden demoskopischen Befunde lassen erkennen, daß in der Bevölkerung eine deutliche Erwartungshaltung gegenüber der Industrie (und deren Repräsentanten) in der Richtung besteht, sich mit mehr Nachdruck und vor allem durch konkrete Taten anstatt reiner Rhetorik für einen effizienten Umweltschutz einzusetzen.

Die bisher durchgeführten Umfragen ermöglichen auch erste Antworten auf die Frage, wie sich die Umweltproblematik aus der Sicht von leitenden Angestellten in Wirtschaftsunternehmen darstellt. Kurz zusammengefaßt läßt sich folgendes Einstellungsprofil erkennen:

- Oberholz (1989) ermittelte im Rahmen einer Umfrage unter 500 bundesdeutschen Führungskräften, daß 78% von ihnen den Handlungsbedarf im Umweltschutzbereich als hoch einschätzen.
- Eine international vergleichende Untersuchung (Fietkau/Thiede 1986) ergab, daß Manager

- eine zunehmende Bedeutung von Umweltfragen in ihrem beruflichen Handeln konstatieren;
- eine deutliche Präferenz für naturwissenschaftlich-technische Lösungen von Umweltproblemen bekunden, hingegen kaum Zusammenhänge von Umwelt(schutz)fragen mit Lebensgewohnheiten und gesellschaftlichen Strukturen sehen;
- vor allem in der BRD - wesentlich stärker als ihre amerikanischen und britischen Kollegen - davon überzeugt sind, sie selbst (und damit die Industrie) würden einen entscheidenden Beitrag zur Lösung von Umweltproblemen beisteuern - im Unterschied zur Einschätzung anderer sozialer Gruppierungen;
- mit der staatlichen Umweltpolitik relativ zufrieden sind.

- Eberwein/Tholen (1990) kommen in ihrer Studie über bundesdeutsche Industriemanager zu dem Schluß, daß diese
  - den Umweltschutz nach der Bekämpfung der Arbeitslosigkeit für das zweitwichtigste gesellschaftspolitische Aufgabengebiet halten;
  - in der Regel staatliche Eingriffe in die Unternehmenspolitik zur Durchsetzung ökologischer Prinzipien fordern.
- Nach einer von der Vereinigung österreichischer Industrieller in Auftrag gegebenen Umfrage unter mehr als 200 österreichischen Industrieunternehmen (VÖI 1989)
  - stimmen zwei Drittel von ihnen dem Statement zu, daß Umweltschutz als gleichberechtigtes Unternehmensziel neben Gewinnmaximierung und hoher Produktqualität festgeschrieben wird;
  - befürworten mehr als 90% die Aussage: "Umweltschutz ist eine Managementaufgabe, die von der Unternehmensspitze zu verantworten ist";
  - geben aber trotz dieser positiven Äußerungen zum betrieblichen Umweltschutz nur 8% der befragten Unternehmen an, über ein gesamtbetriebliches Umweltschutzkonzept zu verfügen, das systematisches Handeln in den Bereichen der Materialbeschaffung, Produktion, Entsorgung und sonstigen Hilfsdiensten sowie in den Bereichen Marketing/Vertrieb, Werbe- und PR-Arbeit umfaßt.

In den demoskopischen Arbeiten zum Umweltbewußtsein richtet sich das Forschungsinteresse auf generelle Werturteile und Einstellungen zu ökologischen Problemen sowie deren mengenmäßige Verteilung bei einer untersuchten Stichprobe, womit letztlich Aussagen über allgemeine Trends (z.B. Wertewandel) erzielt bzw. abgeleitet werden. Umweltbewußtsein wird zu diesem Zweck als mehrdimensionales Einstellungskonstrukt aufgefaßt (Maloney/Ward 1973, Maloney/Ward/Braucht 1975; Urban 1986, Langeheine/Lehmann 1986), den einzelnen Dimensionen werden durch Meßoperationen Indikatoren zugeteilt und den Befragten zur Beurteilung bzw. Einschätzung vorgelegt. Dieses methodologische Vorgehen läßt aber offen bzw. gibt keine Antwort auf die Frage, welchen Stellenwert die vorgegebenen (Einstellungs-) Statements für die Befragten selbst einnehmen. Die vorliegenden empirischen Befunde sagen sehr wenig über die spezifischen Wahrnehmungs-, Strukturierungs- und Verarbeitungsformen und -muster bezüglich der Umweltproblematik bei Managern aus, insbesondere werden die mit der Ökologiedebatte zusammenhängenden bzw. durch sie hervorgerufenen Probleme und Risiken im konkreten unternehmerischen Handeln fast nicht thematisiert. Subjektive Zugänge und Sichtweisen ökologischer Problemlagen für die Unternehmen werden ebenso ausgeblendet wie subjektive Begründungen, Widersprüche, Mehrgleisigkeiten und Konflikte - sie können durch die gewählte Vorgehensweise nicht erfaßt werden, obwohl Kenntnisse darüber für ein grundlegendes Verständnis dessen, welche Bedeutung der "ökologischen Herausforderung" in den Unternehmen zukommt, wesentlich sind. Dieses Forschungsdefizit stellt auch Lau (1989, 435) fest, wenn er schreibt, daß "Untersuchungen darüber (fehlen), wie sich Risikokonflikte aus der Sicht der Unternehmen darstellen, welche konkurrenzorientierten Strategien sich für das Management eröffnen und wie sie in organisationsinternen Entscheidungsprozessen verarbeitet werden". Begreift man ökologisches Handeln in Industrieunternehmen als einen spezifischen Typ sozialen Handelns, der beträchtliche Risiken in sich birgt (Bonß 1991) und wesentlich durch Entscheidungen produziert wird (Luhmann 1990), so sind empirisch fundierte Kenntnisse über Problemwahrnehmung, Handlungszwänge und Entscheidungszusammenhänge von zentraler Bedeutung (Brunner/Reiger 1992).

2. Forschungskonzept und -design

Im Rahmen eines Forschungsprojekts haben die Autoren das Umweltbewußtsein von Industriemanagern im Wiener Raum untersucht. Das Hauptinteresse richtete sich auf kognitive und emotionale Wahrnehmungs- und Interpretationsmuster von Bewältigungsstrategien im Umgang mit ökologischen Problemen und Konflikten. Davon ausgehend, daß jedes Gesellschaftsmitglied in verschiedenen Lebensbereichen mit der ökologischen Problematik konfrontiert ist und dabei je typische Wirklichkeitszugänge und Rationalitätsmuster ausbildet, die es erlauben, mit Umweltfragen umzugehen, ist versucht worden, die Industriemanager aus einer ganzheitlichen Perspektive zu betrachten. Konkret bedeutet dies, daß Wahrnehmungsmuster, Wissensstrukturen und Interpretationsformen im Hinblick auf die ökologische Thematik in drei Bereichen untersucht worden sind:

- den beruflichen Arbeitsfeldern von Managern,
- ihren privaten Lebensbereichen sowie
- hinsichtlich ihrer Einschätzungen zur Entwicklung (welt)gesellschaftlicher Rahmenbedingungen (vgl. Brunner/Reiger/Schülein 1992).

Diese Zielsetzungen orientieren sich am Konzept der "grounded theory" (Glaser/Strauss 1967, Strauss 1991), um empirisch begründete und der komplexen Lebenswelt von Industriemanagern angemessene inhaltliche Aussagen und Hypothesen zu erzielen.

Aufgrund des oben erwähnten unbefriedigenden Forschungsstandes über Wissensstrukturen, Verarbeitungsformen und Handlungsoptionen von wirtschaftlichen Führungskräften hinsichtlich ökologischer Problemstellungen lag es nahe, die Untersuchung mittels qualitativer Interviews durchzuführen, da die Offenheit dieser Methode stärker die jeweiligen, eventuell auch widersprüchlichen Begründungen für konkretes Denken und Handeln zu erfassen erlaubt. Im Unterschied zu quantitativen Vorgehensweisen besteht hier die Möglichkeit, die subjektiven Schwerpunktsetzungen des Interviewten zur Geltung kommen zu lassen und ihm breite Antwortmöglichkeiten zu geben. Der Interviewte hat die Möglichkeit, alle für ihn relevanten Dimensionen anzusprechen und selbst Zusammenhänge, Begründungen und Widersprüche zu artikulieren.

Insgesamt sind 1991 16 Manager der 1. und 2. Ebene (Staehle 1990) von Wiener Industriebetrieben (2 Betriebe sind nicht in Wien angesiedelt) mit mehr als 500 Beschäftigten befragt worden, wobei die Interviewten aus möglichst unterschiedlichen Branchen und manageriellen Arbeitsbereichen ausgewählt worden sind (Produktion, Marketing, Personalwesen, Public Relations). Die Befragung wurde mittels "offener Tiefeninterviews" (Kohli 1978) durchgeführt, wobei ein offener Leitfaden (vgl. Anhang) das Gespräch strukturierte. Zentrale Fragestellungen waren:

- der Zusammenhang von Ökologie und beruflichem Handeln (Wahrnehmung von "Umwelt" im Betrieb, Thematisierung von Umweltthemen im Unternehmen, dabei auftretende Konflikte, zukünftige Entwicklungsperspektiven etc.);
- der Zusammenhang von ökologischen Problemen und privater Lebenswelt (Ökologie und Haushalt, Umgangsformen mit Umweltproblemen als Konsument, private Lebensphilosophie etc.);
- Vorstellungen über allgemeine gesellschaftliche und ökologische Entwicklungen (weltbezogene Zukunftsvorstellungen, Entwicklung der Umweltproblematik, Lösungsmöglichkeiten etc.).

Die Interviews dauerten im Durchschnitt 90 Minuten, wurden auf Tonband aufgezeichnet, transkribiert und mit Hilfe inhaltsanalytischer und tiefenhermeneutischer Verfahren ausgewertet. Die Auswertung qualitativer Daten verlangt generell theoretische Konzepte, die die Vielschichtigkeit und Widersprüchlichkeit der Ergebnisse angemessen abbilden können. Diese Modelle sind umstritten, jedoch sind sich die meisten darin einig, daß Wirklichkeit nicht isomorph abgebildet wird, sondern kognitive Konstruktionen von Wirklichkeit subjektiv erzeugt werden. Vor allem die phänomenologische Tradition hat immer wieder darauf insistiert, daß Wirklichkeit ein Resultat subjektiver Erzeugung ist (Schütz 1972).

Ein Modell zur Erklärung des Aufbaus und der Logik von kognitiven Modellen von Realität - "Weltbildern" - stammt aus den theoretischen Diskussionen des Begriffs "Alltagsbewußtsein" (Merleau-Ponty 1966, Lefèbvre 1972, Leithäuser 1975). Folgt man den dort angedeuteten Argumentationen, so ergibt sich folgendes Bild: das Alltagsbewußtsein ist jener Bewußtseinstyp, der im Fluß der Zeit und Biografie vor allem der Aufrechterhaltung der Identität und der Handlungsfähigkeit dient. Zu diesem Zweck müssen situative Gegebenheiten spontan, d.h. ohne extensiven Einsatz von Zeit und psychosozialen Ressourcen interpretiert und - ebenso spontan - subjektiv wie sozial kompatible Handlungsmöglichkeiten entwickelt werden. Beide Leistungen sind ebenso schwierig wie problematisch. Aus der Fülle der situativen Informationen müssen relevante hervorgehoben und sinnvoll gruppiert werden; dies muß gleichzeitig mit der situativen und systematischen Struktur der individuellen Identität und deren sozialer Referenzen in Verbindung stehen. Dies hat zur Folge, daß das Alltagsbewußtsein mit vereinfachenden Mechanismen operiert. Lebensgeschichtlich erworben werden Schemata des Handelns und Denkens (Piaget 1983), die Sinn stiften, indem sie Orientierung ermöglichen. Es handelt sich dabei jedoch nicht nur um instrumentelle Schematisierungen (vgl. Boesch 1977). Wirklichkeit wird in die zur Verfügung stehenden Konzepte und Befindlichkeiten eingeordnet und dadurch handhabbar. "Weltbilder" sind, so gesehen, Vorstellungen vom Funktionieren der Welt, die eng mit dem Funktionieren von Alltagsbewußtsein zusammenhängen: das Alltagsbewußtsein bedient sich ihrer, sie gehen aus alltäglichen Erfahrungen hervor und stehen im Kontext lebensgeschichtlicher Sozialerfahrungen. Zugleich wird auch deutlich, wieso Weltbilder keine konsistenten Konstruktionen sind und sein können. Situative und kontinuierliche Aufrechterhaltung von Identität bedeutet auch, daß Kompatibilität durch Mechanismen der Zu-Richtung von Realität hergestellt wird: Zusammenhänge werden behauptet, geleugnet, kleingeschrieben, hochstilisiert, emotional besetzt oder indifferent gehalten; Verhältnisse werden legitimiert oder kritisiert, auf- und abgewertet, uminterpretiert, eigenwillig verbunden oder getrennt; Einzelheiten und Regeln werden generalisiert oder singularisiert. Kurz: das Alltagsbewußtsein orientiert sich nicht an der Logik der Welt, sondern an der Logik des subjektiven Bedarfs an Welt. Die so entstehenden und verwendeten Vorstellungen von Realität sind daher notwendig verzerrt und verzerrend. Das heißt jedoch nicht, daß die Verarbeitungsprinzipien von Realität zufällig oder willkürlich wären. Der Realitätsbezug des Alltagsbewußtseins hat zur Folge, daß die Bereiche, mit denen ständiger Kontakt besteht, kognitiv besonders intensiv durchdrungen

werden (können). Mit der quantitativ wie qualitativ breiteren Erfahrungsbasis nehmen einerseits die Möglichkeiten kognitiver Manipulationen ab, andererseits wächst die Wahrscheinlichkeit von Identifizierung. Auf diese Weise entstehen empirisch wie reflexiv elaborierte Implemente im Alltagsbewußtsein, die systematisch orientierenden Charakter gewinnen (können).
Verallgemeinert bedeutet dies, daß das Alltagsbewußtsein durch Lebensbezüge und -erfahrungen bestimmt wird: subjektive Weltbilder hängen in ihrer Entwicklung wie ihrer aktuellen Struktur von den entsprechenden sozialen Bedingungen ab (vgl. dazu auch Mannheim 1967). Man kann grob schematisierend unterscheiden:

- allgemeine gesellschaftliche Bedingungen: die für alle Mitglieder einer Gesellschaft (mehr oder weniger) geltenden normativen, praktischen, kognitiven und emotionalen Muster;
- gruppen- und milieuspezifische Bedingungen: die in bestimmten Teilpopulationen und Arbeits-/Lebenszusammenhängen gültigen Orientierungen und Strukturierungen;
- biografiespezifische Bedingungen: die sich aus den Besonderheiten von lebensgeschichtlichen Zusammenhängen und Entwicklungen ergebenden idiosynkratischen Muster.

Die Art und Weise, wie Wirklichkeit thematisiert wird, hängt, so gesehen, von der Eigendynamik der Identität, der subjektiven und sozialen Beziehung zu ihr und von der Eigenkomplexität des Themas selbst ab.

Das Thema Ökologie ist in dieser Hinsicht besonders vielschichtig. Es handelt sich im Kern um eine spezifisch normative Art der Selbstthematisierung. Denn der Natur ist an sich "gleichgültig", welche Art von Zusammenspiel ihrer verschiedenen Möglichkeiten und Elemente institutionalisiert ist und bleibt - auch eine im Wärmetod erstickte Erde wäre ein "Öko-System". Eine objektive Norm kann es für Ökologie daher nicht geben - Ökologie ist stets relativ; bezogen auf bestimmte Lebensbedürfnisse bzw. Vorstellungen. Was dem Fisch gefällt, sagt der Katze nicht unbedingt zu.

Insofern ist zunächst schon die Beurteilung eines Ökosystems prinzipiell an den lebensweltlichen Bezug gebunden. Das heißt jedoch nicht, daß dieser Bezug quasi automatisch auch ein angemessenes Verständnis implizieren müßte. Der vom Alltagsbewußtsein - nach subjektiven Kriterien - entwickelte Umweltbezug und objektiv erforderliche Bedingungen sind nicht identisch. Im Extremfall sind sogar unmittelbar erforderliche Aktivitäten und strukturelle Erfordernisse inkompatibel. Daß Umweltbewußtsein, Lebensweise und Ökosystem eine widerspruchsfreie Einheit bilden müßten, ist keineswegs selbstverständlich; in gewisser Weise eher unwahrscheinlich.

Denn gerade durch die Entwicklung von Bewußtsein als reflexivem Modus der Realitätsbewältigung, als "Ersatz" für reduzierte Instinkte und körpergebundenes Spezialistentum hat entscheidend dazu beigetragen, daß die spezifisch humanen Ökosysteme sich radikal von den unmittelbar natürlichen Gegebenheiten unterscheiden. In Stichworten:

- Die Fähigkeit zur instrumentellen Manipulation natürlicher Vorgaben hat dazu geführt, daß eine synthetische Umwelt in die natürliche implementiert werden konnte, die deren Bedingungen aufhob bzw. veränderte.
- Die Leistungsfähigkeit der instrumentellen Kompetenzen hat die Reichweite humaner Praxis so ausgedehnt, daß sie weit über die unmittelbaren Nahwelten humaner Gruppen hinausgeht.
- Der reflexive Abstand zur unmittelbaren Natur, die Möglichkeit und Notwendigkeit, eine nicht-natürliche Umwelt reflexiv zu verarbeiten und der mit der "exzentrischen Position" generell verbundene Reflexionsbedarf führen zu eigendynamischen Positionsbestimmungen und eigenständigen Handlungszielen.
- Die Akkumulation kognitiver Bearbeitung und instrumentellen Wissens "denaturiert" Natur (ersetzt praktisch-metaphysische Erfahrungen durch abstrakte kognitive Modelle und partikulare Nutzung) und dehnt sie aus: die Zusammenhänge werden in ihrer Komplexität weit über das Maß des sinnlich Erfahrbaren hinaus zugänglich.

Damit ist jedoch die Logik der individuellen wie der gesellschaftlichen Bewußtseinsentwicklung nicht mehr direkt gebunden an die Entwicklung des Ökosystems. Es bildet sozusagen ein Ökosystem sui generis - mit anderen Imperativen. Generell ist die reflexive Thematisierung von Umwelt ein distanzierendes Prinzip; erst recht gilt dies für die Thematisierung aus der Sicht eigendynamischer Subjektivität, gestützt auf sekundäre Strukturen. Die Selbst-Bestimmung von Lebensorientierungen in Form von ökologischen Vorstellungen ist daher doppelt exzentrisch und abhängig von perspektivischen Vereinseitigungen.

Das impliziert das systematische Risiko der sowohl pragmatischen als auch mentalen Debalancierung, ohne daß Remedien gleich mitentstünden. Dabei wird die Reflexion dieser Situation selbst zugleich erschwert und erleichtert: die Unmittelbarkeit von Evidenzen und Identifikationen (deren Risiken hier ausgeklammert werden) reicht nicht mehr aus, ein selbstverständliches kognitiv-praktisches Gleichgewicht ist nicht möglich. So muß sich die Entwicklung von Umwelt-Bewußtsein erst institutionalisieren - auf der Basis der komplexen und eigendynamischen Strukturen von gesellschaftlicher Praxis und Alltagsbewußtsein. Entsprechend anfällig für spezifische Selektionen, Verzerrungen und Idiosynkrasien ist dieser Prozeß. Umweltbewußtsein kann von daher weder das Resultat "natürlicher" Einstellungen noch das von unmittelbarer Umsetzung von Information in kognitiv angemessene Bilder sein, sondern kann sich quasi nur durch die Widersprüche der jeweiligen sozialen und subjektiven Bedingungen hindurch (wenn überhaupt) entwickeln.

Die im folgenden dargestellten Ergebnisse des Forschungsprojekts beziehen sich vorrangig auf die milieuspezifischen Aspekte.

3. Die ökologische Problematik in den Betrieben aus managerieller Sicht

3.1 Vorbemerkung

In diesem Kapitel wird die Frage untersucht, welche Bedeutung der ökologischen Thematik in den Industrieunternehmen aus der Sicht der leitenden Angestellten zukommt. Die Darstellung der Ergebnisse erfolgt in drei Schritte:

- zunächst wird nachgezeichnet, wie die Manager umweltbezogene Entwicklungen in der betrieblichen Außenwelt wahrnehmen und einschätzen, die direkt und indirekt Einfluß auf das betriebliche Geschehen ausüben;
- im nächsten Schritt wird zu klären versucht, wie die Unternehmen mit derartigen antizipierten Erwartungen in der betrieblichen Lebenswelt umgehen bzw. welche konkreten umweltbezogenen Maßnahmen Eingang in die betriebliche Alltagspraxis gefunden haben;
- daran anschließend wird der Frage nachgegangen, wie sich die Einschätzungen hinsichtlich der ökologischen Anforderungen sowie die unternehmerischen Bewältigungsformen bzw. -strategien in generellen, unternehmensphilosophischen Vorstellungen, die sich auch auf zukünftige Vorgehensweisen erstrecken, niederschlagen.

3.2 Antizipierte Gründe für umweltbezogenes betriebliches Handeln: die Bedeutung der betrieblichen Außenwelt

Von den befragten Managern sind verschiedene Bereiche bzw. Gruppen thematisiert worden, denen eines gemeinsam ist: sie stellen in differenzierter Form umweltbezogene Forderungen an die Unternehmen und erzeugen somit Druck, sich mit ihnen auseinanderzusetzen. Genannt werden:

- umweltpolitische Vorgaben (Gesetze und Verordnungen),
- wettbewerbs- bzw. marktbezogene Einflußbereiche,

- die Massenmedien sowie
- Umweltschutzgruppen und Anrainer.

3.2.1 Gesetzliche/politische Vorgaben

In den Interviews wird durchgehend die *zentrale Bedeutung und Wichtigkeit* von umweltpolitischen Vorgaben in Form von Gesetzen und Verordnungen für das betriebliche Handeln betont. Umweltbezogene Vorschriften tangieren demnach die verschiedensten Bereiche der Unternehmen, von den verwendeten Materialien in der Produktion, den Produktionsanlagen selbst bis hin zur Entsorgung der erzeugten Produkte. Für die Manager haben sie eines gemeinsam: sie verursachen den Betrieben kurz- und mittelfristig *hohe Kosten.*

> *"Ökologie ist deswegen bei uns wichtig, interessant, weil's einmal gewaltig viel Geld kostet. Also, wenn wir heute irgendwo einen Betrieb bauen oder bauen wollen, dann sind von einer Bausumme von 30 Millionen Schilling sicherlich 20 Millionen nur für Umweltschutz. Weil da gibt es ja nichts anderes wie Hallen, Abfüllanlagen, Behälter usw., da könnte man sicher 10 Millionen Schilling hinstellen von der Funktion her, um der Funktion gerecht zu werden, aber 20 Millionen Schilling sind eben notwendig, um eben Doppelboden und Auffangwannen zu haben. Die ganze Halle muß in einer Auffangwanne liegen, es muß absolut gesichert sein, es darf kein Regenwasser - oder das Regenwasser muß so aufgefangen werden, daß irgendwo alles Wasser in Kanäle und Destillationsanlagen kommt, also die Sicherheitsauflagen spielen eine gewaltige Rolle. Das sind gesetzliche Auflagen" (2)*[1].

Nicht nur bei Neubauten bzw. neuen Produktionsanlagen, sondern auch zur Erfüllung vorgeschriebener Grenzwerte bei bestehenden Anlagen müssen *Investitionen* vorgenommen werden:

---

1 Die in Klammer angegebene Zahl bezeichnet die Interviewnummer; Zitate sind unter Anführungszeichen und kursiv gesetzt.

"Wir investieren hier so im Jahr zwischen 5 und 10 Millionen Schilling eigentlich nur in Umweltschutzeinrichtungen. Wesentliches Thema ist dabei die Luft, und zwar eben durch die gesetzlich vorgegebenen Verunreinigungswerte - Sie werden das als MAK kennen, maximale Arbeitsplatzkonzentration, wie sauber muß die Luft sein, die also aus dem Betrieb wieder abgegeben wird; genauso die Werte für die Abwässer: wir haben hier im Betrieb saure, also schwefelsaure Abwässer, die vorher neutralisiert werden müssen, es kommen Bleischlämme vor, wo also das Blei vorher herausgefiltert werden muß" (9).

Wo dies nicht möglich ist, können im Extremfall sogar vorhandene Maschinen und Anlagen, die die entsprechenden Umweltschutzauflagen nicht erfüllen, also *konstantes Kapital*, verloren gehen:

"Natürlich ist das Thema Umwelt, wenn ich es sehe, eigentlich immer mit Aufwand verbunden oder eben also Kostenaufwand, ich meine, in der Buchhaltung muß ich sagen Aufwand, es ist so, wir haben etliche Abschreibungen tätigen müssen im Anlagevermögen, aus ökologischen Gründen, weil wir einfach die Maschinen nicht mehr verwenden konnten und Investitionen tätigen mußten, eben aus ökologischen Gründen" (10).

Die gesetzlichen Umweltbestimmungen haben auch Auswirkungen auf die *Marktposition* der Unternehmen, und zwar sowohl kurz- als auch langfristig:

"Aber im großen und ganzen sind also alle Produkte, die innerhalb der Gesetzeslage dann nicht mehr geführt werden dürfen, die werden natürlich bei uns als Unternehmen als erstes gestrichen - so einfach geht das - und durch andere ersetzt, die dann den Anforderungen gerecht werden. Das ist also wieder durch unsere Laborgegebenheiten oder Entwicklungsgegebenheiten wieder schneller möglich, weil wir dann wieder ein anderes intellektuelles Potential dafür haben, sodaß wir dann schneller reagieren darauf können und auch wieder die Vorreiterrolle übernehmen" (3).

Die Unternehmen sind also durch umweltpolitische Entscheidungen hinsichtlich ihrer Stellung auf dem Markt direkt betroffen, aber auch gefordert. Als unabdingbare Voraussetzungen dafür, diese Situation zu meistern, werden durchgängig genannt:

- eine gute Finanzbasis des Unternehmens sowie
- ausreichende (naturwissenschaftlich-technische) Forschungsmöglichkeiten, um selbst innovativ werden zu können.

Nur bei Vorliegen dieser Merkmale würden Unternehmen im durch Umweltvorschriften noch zusätzlich verschärften Konkurrenzkampf bestehen, die Vorreiterrolle am Markt übernehmen, sichern oder sogar ausbauen können.

Strenge Umweltgesetze bedeuten daher für die einzelnen Betriebe unterschiedliches: zum einen können sie als Mittel fungieren, marktbezogene Vorteile zu erzielen und - zumindest langfristig - andere Konkurrenten auszuschalten:

> *"Dieser allgemeine Umweltschutztrend kommt uns natürlich sehr entgegen, also, wir sind eine finanzstarke Gruppe, weil wir können die Auflagen erfüllen; und für Konkurrenten, die es nicht erfüllen können, die verschwinden deswegen schön langsam auf dem Markt. Deswegen also muß ich sagen, auch von der Unternehmensstrategie, sind uns strenge Umweltschutzauflagen in gewisser Weise nur recht" (2)*;

für andere wiederum stellen sie eine ernsthafte Bedrohung der betrieblichen Existenz dar, der man durch gezielte Maßnahmen begegnen muß. Diese Einschätzungen verdeutlichen, daß durch umweltpolitische Vorgaben einige Bewegung am Markt entstanden ist.

In den Interviews werden also deutlich erkennbare Zusammenhänge zwischen umweltbezogenen *gesetzlichen Vorgaben, Mehrkosten und verschärftem Konkurrenzkampf* hergestellt, auf die im betrieblichen (und manageriellen) Handeln geachtet werden muß und auch wird. Dies umso mehr, als in der Wahrnehmung der Befragten darüber Einigkeit herrscht, daß die umweltpolitischen Vorgaben sowohl an *Umfang* wie auch an *Strenge* zugenommen haben und weiter zunehmen werden; weiters seien die *Kontrollen*, ob die Vorgaben auch tatsächlich eingehalten werden, deutlich verschärft worden:

> *"Durch Erfüllung gesetzlicher Auflagen, die stufenweise immer verschärft wurden, die Luftwerte werden immer strenger, die Kontrollen wurden auch immer umfassender und, genauso ist es also mit den Abwasserwerten - früher wurde also offensichtlich das nicht kontrolliert, oder es gab diese Werte auch nicht zum Teil...also besonders in den letzten zwei, drei Jahren ist eine ganze Reihe von Gesetzen dazugekommen, das fangt also an bei dem Gesetz über Transport gefährlicher Güter, wo Schwefelsäure drinnen ist, Vorschriften über die Ausrüstung der Transportfahrzeuge, Vorschriften über die entsprechenden Begleitpapiere, Vorschriften über das Mitführen von Warnhinweisen am Auto, an den Behältern für Säure, Vorschriften über die Transportbehälter, früher hat man halt einen Plastikbehälter, der einmal zugelassen wurde, verwendet, bis er kaputt war, heute gibt es eine Vorschrift, ein Behälter darf maximal fünf Jahre verwendet werden, dann muß er ausgeschieden werden, egal ob er optisch noch in Ordnung ist oder nicht" (9).*

Die Einstellungen der Befragten zu den Umweltgesetzen sind *ambivalent*: eine Gruppe steht den gesetzlichen Vorgaben ablehnend gegenüber, eine zweite kritisch-distanziert, eine dritte befürwortet sogar einen weiteren Ausbau.

Der Unruhe, die durch ökologisch orientierte Auflagen in den Unternehmen hervorgerufen worden ist und wird, entspricht eine *kritische Haltung* zu den gesetzlichen Bestimmungen, die in den Interviews deutlich zutage tritt. Die Kritik konzentriert sich im wesentlichen auf drei Punkte:

- Bei der *Entstehung* von Gesetzen und Verordnungen würden die "Interessen der Industrie" zuwenig berücksichtigt: einmal sind die Fristen zu knapp, um eine "ausführliche Stellungnahme aus der Praxis" zu einem

Verordnungsentwurf abzugeben, weiters ist es eine Frage des "Glücks", ob "Einwände" aus der Sicht der Industrie im endgültigen Verordnungstext berücksichtigt worden sind. Vor allem werde auf die Kosten vergessen, die der Industrie durch politische Vorgaben auferlegt werden:

"Da gibt es also dann immer wieder Diskussionen, um die Interessen des Umweltschutzes mit den Möglichkeiten und den Kosten der Industrie in Einklang zu bringen; natürlich ist es schön, einen hundertprozentigen Umweltschutz zu haben, nur hundert Prozent kostet immer unendlich viel" (9).

- Ein zweiter Kritikpunkt betrifft die Frage der *Notwendigkeit und Sinnhaftigkeit* gesetzlicher umweltbezogener Regelungen. In den Interviews werden Zweifel am Sinn von einzelnen ökologiebezogenen Verordnungen geäußert, die für den Betrieb einen erheblichen Arbeitsaufwand mit sich bringen, deren Wirkung aber ins Leere gehe:

"...weil es ja in furchtbare Arbeit eskaliert und wir Sicherheitsdatenblätter entwerfen müssen, wenn alle Säcke nach den neuen Gegebenheiten deklariert werden müssen. Zum Beispiel Kalk wird also seit Tausenden von Jahren verkauft, und ein Carnuntum (Römersiedlung bei Wien, d. Verf.) *ist auch entstanden, und es ist also auch noch nie jemand - oder wenn jemand in eine Sumpfkalkgrube früher hineingefallen ist, dann war er tot, er wußte, daß er nicht hineinfallen darf; heute müssen wir alle darauf aufmerksam machen: du darfst nicht hineinfallen, und ich muß auch die Säcke dann entsprechend deklarieren, und am Kalksack muß dann drauf stehen: 'ätzend', es muß eben ein Gefahrenzeichen darauf; aber ich von meiner Warte aus sage: wir überdeklarieren uns, nicht, sodaß uns eben nichts mehr passieren kann; da steht eben drauf: du darfst das nicht angreifen, und essen darfst du das auch nicht, und dann kommt der Kindersicherungssatz drauf. Der Endkonsument liest es sowieso nicht mehr, er weiß, was er mit Kalk machen darf, ja, er wußte also immer,*

daß er ihn nicht essen darf, aber jetzt schreiben wir es halt drauf - nur, es ist ein irrsinniger Arbeitsprozeß" (3).

Auffällig ist, daß bei derartigen Argumentationen von einem einzigen Beispiel aus Generalisierungen abgeleitet werden, die für alle anderen Bereiche auch Geltung beanspruchen. Dieses Denkmuster zeigt sich auch bei einer zweiten Art von Kritik, die in den Interviews geäußert wird. Bei diesem Typ geht es im Kern um die Frage, inwiefern gesetzliche Regelungen im Umweltbereich prinzipiell erforderlich sind. Staatliche umweltbezogene Eingriffe in unternehmerisches Handeln werden als nicht notwendig und unsinnig betrachtet, denn die Industrie arbeite von selbst darauf hin, möglichst umweltschonend zu produzieren und umweltverträgliche Produkte auf den Markt zu bringen:

"...also auf der einen Seite haben wir eine mühsame gesetzliche Regelung geboren und sind heute der Meinung, daß das Produkt inzwischen so weiterentwickelt ist, daß man das vielleicht gar nicht gebraucht hätte - das gilt natürlich für einen Teilbereich, nämlich für die Zinkkohlebatterie, nicht für Alkalimangan- oder Nickelcadmiumbatterie, aber auch hier wird von der Industrie darauf hingearbeitet, schadstoffreie Produkte auf den Markt zu bringen...unsere Konzernforscher sind gerade dabei, ein Produkt aus der Taufe zu heben, eine sogenannte Nickelhybridbatterie, die das giftige Cadmium durch ungiftige Stoffe ersetzt; also jetzt werden wir vielleicht für ein, zwei Übergangsjahre noch da strenge Bedingungen haben, und dann kommt das, wofür wir das eigentlich gar nicht brauchen. Aber durchaus möglich, daß ohne den äußeren Druck diese Entwicklung nicht so rasch gekommen wäre; daß sie gekommen wäre, da bin ich persönlich sicher, weil die Herstellung der neuen Batterien billiger werden wird als die der alten, und in der Industrie wird immer das forciert, was sich billiger herstellen läßt" (9).

Aus dieser Perspektive erscheinen umweltpolitische Auflagen als höchst überflüssig und dem technisch Machbaren hinterherlaufend.

- Kritisiert werden weiters jene österreichischen Umweltgesetze, die über das *Niveau* und die Strenge der Umweltvorschriften in der *Europäischen Gemeinschaft* hinausgehen. Diese Ungereimtheit bedeute für den Betrieb in Österreich einzig und allein vermehrten Arbeits- und Kostenaufwand:

"Wir haben nur echte Probleme dort, wo Österreich über die EG-Vorschriften hinausschießt, da haben wir echte Probleme, denn, trotzdem wir für österreichische Verhältnisse eine nicht ganz kleine Firma sind, haben wir nicht diesen Stab an Leuten, der also jetzt nocheinmal die Produkte auf die österreichischen Gesetze alle prüfen kann, und die Vorschriften sehen also dann vor, daß diese Kennzeichen fix verbunden sind mit der Packung, ja; also das heißt, wir müssen also jetzt Produkte, die wir hier nicht selbst erzeugen, sondern die in Deutschland produziert werden für Österreich, müssen in einer Sonderausführung für Österreich produziert werden und verteuern natürlich unheimlich den Prozeß, ja. Wenn Sie sich vorstellen, daß ein Produkt in Deutschland in einer Größenordnung von 10 Millionen läuft, und die machen dann 800.000 für Österreich, und diese 800.000 sind dann in einer Verpackung, sind lauter Sonderauflagen, ja, also das erschwert das Leben, also wir hätten weniger Probleme, wenn Österreich sich weitgehend an die EG-Vorschriften halten würde" (15).

Die in Österreich bestehenden Auflagen erscheinen als unbegründet und im Prinzip willkürlich gesetzt. Als Beweis für diese Einschätzung wird angeführt, daß die Menschen in den EG-Ländern mit den weniger strengen Bestimmungen auch gut leben:

"Ich habe einmal so einen Vortrag gehört, wo einer aus der Lebensmittelbranche sagt: wenn ich mein geschnittenes Weißbrot nach Deutschland exportieren will, dann ist es nach acht Tagen schimmlig. Die Italiener haben Zusätze zu ihrem Weißbrot, das hält sich zwei Monate. Jetzt ist die Frage: wie richtig ist die österreichische Vorschrift, ja, ist die zwingend viel besser als die italienische? Müßt ich annehmen, die Italiener müssen irgendwann einmal sterben an Weiß-

brot, ja, oder es stellt sich heraus, man kann auch mit dem italienischen leben" (15).

Wie bereits erwähnt finden sich in den Interviews auch *positive Einschätzungen* der Umweltschutzvorschriften. Diese werden zum einen dann geäußert, wenn getätigte Umweltschutzinvestitionen *objektiv meßbare Erfolge* zeigen, die das Unternehmen in irgendeiner Form auch *vermarkten* kann wie z.B. im Public Relations-Bereich:

> *"Diese Investition, das war eine Milliarde, die nur in den Titel Umweltschutz gegangen ist, hat folgendes gebracht: Luft, also der sichtbare Output, der ist, wenn Sie sagen, vorher waren es also 100 Prozent, dann ist der, ich glaube, 96 oder 98 Prozent minus, also es sind noch 4 Prozent von dem geblieben, was vorher da war, das ist die Luftseite gewesen; und die Kläranlage hat natürlich einiges gebracht, die Vollbiologie hat einiges gebracht..." (5).*

Weiters werden positive Einstellungen sichtbar, wenn die österreichischen Umweltgesetze im *internationalen Vergleich* betrachtet werden. Vor diesem Hintergrund erscheinen die umweltpolitischen Vorgaben in Österreich für andere Länder beispielhaft und zukunftsorientiert:

> *"Die gesetzliche Ebene ist also schon in Österreich, glaube ich, sehr streng und zukunftsorientiert ausgerichtet. Wenn wir da politisch an Streicher* (zur Zeit der Befragung Verkehrsminister, d. Verf.) *denken, an Katalysator denken, und - ich muß schon sagen - daß auch die Fleming* (ehemalige Umweltministerin, d. Verf.) *viel Gutes getan hat...im großen und ganzen ist diese Situation positiv zu sehen, und wir werden diesen Situationen ganz einfach gerecht" (3).*

Auch im Vergleich mit den *EG-Staaten* schneiden die österreichischen Umweltgesetze gut ab:

"Also ich muß generell sehr erfreut feststellen, daß wir gerade hier in Österreich, was Umweltschutzbedingungen anbelangt, doch recht gut sind, recht beispielhaft sind, wenn man das vergleicht mit der EG" (12).

Im Falle eines Beitritts Österreichs zur EG wird zum einen befürchtet, daß einige Umweltvorschriften den niedrigeren EG-Vorschriften angepaßt werden, in anderen Bereichen aber - insbesondere in der Branche, in der der eigene Betrieb mit Produkten vertreten ist, die den österreichischen Vorschriften entsprechen - wird mit einer Übernahme dieser strengeren Auflagen gerechnet.

"Sicherlich würde, wenn wir in die EG kommen, die eine oder andere Umweltvorschrift etwas relativiert werden, werden können, werden müssen, aber ich rechne auch damit, daß die anderen EG-Länder hier deutlich nachziehen. Ich gebe Ihnen ein Beispiel: wir fertigen Motore, und zwar Vergasermotore und Einspritzer, Einspritzer ist automatisch mit Katalysator, der Vergaser hat keinen Katalysator. Wir fertigen zur Zeit 50 Prozent Katalysatorenmotore und 50 Prozent ohne Katalysator, obwohl wir sofort 100 Prozent Motore nur mit Katalysator fertigen könnten...warum tun wir das? Weil wir 100 Prozent unserer Produkte ins Ausland exportieren, und da gibt es unterschiedliche Abgasvorschriften: die Engländer haben nicht diese US 83 - das ist diese strenge Abgasvorschrift, die in Österreich gilt; die Spanier haben diese Abgasvorschrift nicht; das heißt also, wenn wir nach Spanien exportieren, ist der spanische Kunde nicht bereit, den Mehrpreis zu bezahlen und er sagt: es gibt ja keine Vorschrift, ich will das Auto in Spanien ohne Katalysator, ich will das Auto in Italien ohne Katalysator haben. Die Schweizer sagen, ich möchte den Wagen mit Katalysator haben, die Deutschen auch, und die Engländer sagen, ja, was ist das überhaupt, der Katalysator" (12).

Auch hier fällt auf, daß das Eintreten für strengere Umweltvorschriften nicht so sehr von ökologischen als vielmehr von ökonomischen Motiven geleitet wird.

Eine weitere positive Bedeutung bekommen Umweltgesetze dann zugeschrieben, wenn man sie als *wettbewerbsneutrale Instrumente* auffaßt und sie in diesem Sinn vom Gesetzgeber eingesetzt werden. Die Einführung branchendeckender umweltpolitischer Vorgaben brächte auch den Vorteil mit sich, daß jene Investitionen, die die Unternehmen für die Entwicklung ökologischerer Produkte bereitstellen, nicht verloren wären.

> *"Natürlich muß auch eine bestimmte Forderung des Gesetzgebers kommen, das heißt, daß die gesamte Fahrzeugindustrie gezwungen wird, so wie es jetzt beispielsweise in Amerika ist, eine Flotte darf im Durchschnitt pro hundert Meilen nur so und soviel Liter verbrauchen, das ist der Flottenverbrauch, und diesen Flottenverbrauch gibt es in Europa noch nicht; man kann ohne weiteres sagen, die Flotte insgesamt darf nur noch - ich sage jetzt eine Hausnummer - im Schnitt sechs Liter verbrauchen; dann wird die Industrie gezwungen daran zu arbeiten, dann sind die Wettbewerbsvor- oder -nachteile wieder bei allen ausgeglichen, und das ist ganz entscheidend, sonst holt sich der eine einen Vorteil und sagt: jetzt beginne ich mit Kleinwagen, bin da der Wegbereiter, ich stecke irrsinnige Mengen in die Entwicklung rein, und die wird dann nicht so richtig angenommen" (12).*

3.2.2 Der Druck vom Markt

3.2.2.1 Wahrnehmung branchenspezifischer Veränderungen

Im vorigen Abschnitt ist darauf hingewiesen worden, daß durch umweltpolitische Auflagen die Marktposition von Unternehmen unter Druck gerät. In der Perzeption der Interviewten greift die ökologische Thematik zunehmend in *marktstrategische Überlegungen* der Unternehmen ein. Der Druck, der vom branchenspezifischen Markt, also von den Mitkonkurrenten, ausgeht - unabhängig von umweltpolitischen Vorgaben, die für alle im gleichen Ausmaß gelten -, zwingt die einzelnen Betriebe, sich mit Umweltfragen auseinanderzusetzen, sich zunehmend um Innovationen zu bemühen, die als "umweltverträglich" bezeichnet werden können. Generell wird in den Interviews die Meinung vertreten, daß derartige Anstrengungen nicht zum Selbstzweck unternommen werden, sondern mit (ökonomischen) *Vorteilen* für den Betrieb einhergehen müssen, denn

> *"...wir leben in einer Konkurrenzwirtschaft, ja, und zwar in einer weltweiten Konkurrenzwirtschaft. Die Innovation, die heute nicht wir haben, haben morgen die Japaner" (14).*

Das Aufeinanderabstimmen bzw. Harmonisieren von ökologischen Marktanforderungen und ökonomischer Kalkulation gelingt am besten dort, wo sich ökologische Verbesserungen ohne zusätzlichem Aufwand erzielen lassen:

> *"Beim Verbrauch der Primärenergien ist es ja so, daß wir in unserem Angebot immer die Wirtschaftlichkeit unserer Systeme auch in den Vordergrund stellen...Wir sind berühmt dafür, daß wir beim Wettbewerb den Ausführungen des Planers einmal sehr kritisch gegenüberstehen, und jede Anlage oder jedes Projekt dahingehend untersuchen, ob nicht mit einem wesentlich geringeren Energieeinsatz derselbe Nutzen zu erreichen ist. Das hat natürlich in erster Linie nicht den Sinn,*

ökologisch zu denken, sondern ökonomisch, und zwar im Wettbewerb ökonomisch zu denken" (4).

Aufgrund der herrschenden Wettbewerbsverhältnisse besteht für jedes Unternehmen der *Zwang*, bei umweltbezogenen Neuerungen des Mitkonkurrenten mitzuziehen:

> *"Wir waren in einigen Fällen Vorreiter, aber ich glaube, es kann sich in der Branche keiner leisten, daß er da irgendwo lang hinten nachhinkt, es ist dann immer nur eine Frage, wer auf einem Sektor früher mit irgendeinem Ersatzstoff Erfolg hat, und die anderen ziehen dann irgendwo in einem gewissen Zeitabstand nach, also das läuft permanent und wird auch die nächsten Jahre in der Richtung weitergehen" (15).*

In der Wahrnehmung der Manager spielt daher die *Beobachtung* des Marktes nach ökologischen Innovationen für das Überleben des eigenen Unternehmens eine wesentliche Rolle. Die durch die Umweltthematik noch zusätzlich verschärfte Marktsituation erfordert aber noch weitere unternehmensstrategische Bemühungen, die einen *offensiven Charakter* aufweisen. Eine Strategie läßt sich mit der Formel "Qualität statt Quantität" beschreiben:

> *"Wir sehen das nicht als unbedingt notwendig, jährlich bestimmte Zuwachsraten im Umsatz zu erzielen, sondern wir haben uns jetzt...vor allem der Qualität verschrieben, also wir möchten vor allem die Qualität des Produktes anheben und über die Qualität konkurrenzfähig bleiben; das ist unser primäres Ziel, Qualität und Technologieführerschaft beim Produkt zu erreichen, ist eigentlich unser Hauptziel, nicht so sehr Marktanteile" (13).*

Hier äußert sich ein Abgehen von bisherigen Unternehmenszielen: mittelfristig könne man am Markt nur mehr bestehen, wenn man Produkte anbiete, die qualitativ "besser", also umweltverträglicher seien. Daß damit zunächst

Marktanteile sogar verloren gehen könnten, wird in Kauf genommen - die Vorteile werden sich aber in absehbarer Zeit einstellen.

Marktvorteile können sich auch dann ergeben, wenn umweltfreundliche Technologien entwickelt und am Markt als *Umwelt-Know-How* angeboten werden:

> *"...und da wird also geforscht an dem Projekt, 'total chlorfreier Zellstoff', zeitliche Dimension vier Jahre in etwa...natürlich, wenn es gelingt, und auch da sind wir absolut zuversichtlich, daß es gelingt, dann hat der Anlagenhersteller das Know-How sofort, und da wird es weltweit größtes Interesse geben, das dann auch dort zu vermarkten, und das transportieren wir inzwischen" (5).*

Eine weitere Strategie, die eng mit dem Qualitätsargument zusammenhängt, besteht darin, die Ökologiethematik für das *Unternehmensimage* zu nutzen:

> *"Sie dürfen ja nicht vergessen, so etwas wie Qualität, ich meine, über die spricht man nicht, die hat man...die ganzen Umwelt- und ökologischen Sachen sind ja wahnsinnig gute Verkaufsargumente, das ist ja ein Marketing, ebenfalls, was sie damit treiben können, auf dem Gebiet sind wir schon sehr stark auch interessiert und machen es auch und verwenden es auch; also ich persönlich glaube, daß das auf Umwegen Rentabilität bringt, und es wird sicher ein Unternehmen, was das nicht macht oder sich nicht dorthin bewegen wird, wird sicher in zehn Jahren keine Berechtigung mehr haben...ich habe so den Eindruck, allmählich entwickelt sich das auch vom Markt her" (7).*

Von der verstärkten Werbung mit umweltverträglichen Produkten, dem Hinweisen auf eine "saubere Produktion" erwartet man sich aber nur dann Marktvorteile, wenn die Versprechungen mit den Tatsachen auch übereinstimmen:

> *"...aber unser strategischer Vorteil ist eben, daß wir das Fahrzeug in Verbindung mit der Umwelt in hohem Maße - das hat uns enormen*

Imagezuwachs gebracht bei der Bevölkerung, und wir werben auch damit ... daher wollen wir uns natürlich auf keinen Fall einen Schnitzer leisten, weil man dann sofort sagt, aha, das ist nur Werbung, und in der Realität schaut es ganz anders aus, nicht" (12).

3.2.2.2 Die (Ohn-)Macht der Konsumenten

Eine wesentliche Referenzgruppe, auf die in den Interviews immer wieder Bezug genommen wird, stellen die *Konsumenten* dar. Einigkeit herrscht darüber, daß die Kosten, die den Industrieunternehmen aufgrund gesetzlicher Umweltbestimmungen und/oder den branchenspezifischen Veränderungen im Produktions- wie im Produktbereich entstehen, letztlich der Konsument zu tragen hat:

"es zahlt immer der Konsument, es zahlt niemand anderer, egal ob er es über die Steuern oder über den Preis zahlt, es zahlt immer der Konsument, weil die Industrie wird immer verdienen oder zumindest nicht in die roten Zahlen kommen" (9).

Die Konsumenten werden im bezug auf eine umweltverträgliche Unternehmenspolitik *zwiespältig* wahrgenommen. Aus den Interviews läßt sich ein Argumentationstyp erkennen, nach dem den Konsumenten eine "*Bremswirkung*" gegenüber den Bemühungen der Industrie, umweltverträglicher zu produzieren und ökologischere Produkte auf den Markt zu bringen, unterstellt wird.

"Wir haben schon vieles versucht, ja, was dann ganz einfach der Konsument nicht akzeptiert oder nicht versteht, also wir haben wirklich das Problem, daß man sowas auch dem Konsumenten nahebringt, warum das jetzt notwendig ist, was zu verändern; gerade mit Verpackungen ist das gar nicht einmal so leicht" (15).

Daß derartige unternehmerische Anstrengungen nur in geringem Ausmaß angenommen werden, liegt zum einen an der *mangelnden Informiertheit* der Kunden:

"...es gibt also zum Beispiel am Lacksektor wasserlösliche Autolacke, es gibt also wasserlösliche Holzschutzglasuren - und komischerweise wird aber der nicht wasserlösliche Lack alle Jahre mehr verkauft, der Kunde nimmt es also dann nicht auf" (3);

zum anderen richten die Konsumenten ihre *Kaufentscheidungen* primär nach dem Preis des Produktes, selten aber nach Umweltverträglichkeitskriterien (in der Produktion, in der Qualität, in der Frage der Entsorgung usw.) aus:

"...der Konsument sagt: okay, ich würde das umweltverträglichere Produkt nehmen, wenn es entsprechend billig ist" (15);

als weitere Ursachen werden *Gewohnheiten, Bequemlichkeit, Ignoranz* und *Verantwortungslosigkeit* vermutet:

"Nehmen wir ein Beispiel: wir haben angeboten, wir haben eine große Aktion gestartet: X lädt 200.000 X-besitzer ein, sich einen Katalysator abzuholen, ja; wir haben Katalysatoren nach Österreich gebracht, wir wissen, wir haben soundsoviel tausend Fahrzeuge ohne Katalysator, und wir haben gesagt: bitte, holt's euch den Katalysator - ich will Ihnen gar nicht sagen, wieviele Leute den Katalysator abgeholt haben, wenig, das ist bitter, das ist sehr sehr traurig. Wir neigen immer wieder dazu, die Schuld beim anderen, bei der Industrie zu sehen, nur mein bißchen Dreck spielt ja keine Rolle, darauf wird es ja nicht ankommen" (12).

In den Interviews taucht aber auch eine andere Betrachtungsweise auf, nach der der heutige Kunde umweltbewußt und -kritisch die Produkte prüfe und die *Macht* habe, durch seine Kaufentscheidungen die Industrie letztlich dazu zu zwingen, umweltschonende Herstellungsverfahren und Produkte auf den Markt zu bringen:

> *"Heute ist der Kunde schon sehr interessiert, er fragt interessiert, na, wie habt ihr das denn hergestellt, wie umweltfreundlich ist denn das Papier jetzt hergestellt...der Konsument greift zusehends in das Regal, wo es also das umweltfreundliche Papier gibt, also der Wandel ist jetzt einmal der, aus meiner Sicht, daß also der Druck absolut vom Markt kommt und wir uns das gar nicht aussuchen könnten, wenn wir es wollten" (5).*

3.2.3 Der Einfluß der Öffentlichkeit

Da die Unternehmen in ständigem Kontakt mit der betrieblichen Außenwelt stehen, werden von den Managern generelle Entwicklungstendenzen in der Gesellschaft, die direkt oder indirekt die Unternehmensziele und -politik berühren, beobachtet und analysiert. Wie wird die öffentliche Meinung, in der sich diese Prozesse manifestieren, von den Interviewten wahrgenommen und eingeschätzt?

Generell wird ein "*Wertewandel*" in der Gesellschaft konstatiert, der sich in verschiedenen Formen äußert und die Unternehmen tangiert. Es herrsche eine Vertrauenskrise zwischen großen Teilen der Bevölkerung und (technischen) Experten und der Industrie vor, weiters seien Anti-Technik-Einstellungen und eine No-future-Stimmung zu beobachten, aber auch zunehmendes Umweltbewußtsein. Diesen Entwicklungen sei gemeinsam, daß in der heutigen Zeit grundsätzlich alles in Frage gestellt werde, was an sich positiv ist. Negative Konsequenzen ergäben sich für die Industrieunternehmen aber dann, wenn sie bei ihren Aktivitäten mit Personen konfrontiert würden, die im Zustand des "Hinterfragens" verharren und somit Entscheidungen blockieren:

"Ich finde schon toll also, unsere Gesellschaft heute, dieser Wertewandel, im Hinblick darauf, alles ganz einfach heute in Frage zu stellen. Nur wenn Sie ständig alles in Frage stellen, dann ergibt es keinen Nutzen mehr für den Menschen. Sie müssen schon einmal sagen, okay, und was mache ich jetzt. Irgendwann einmal muß es ja auch eine Lösung geben. Ich kann nicht nur immer alles in Frage stellen und dann nie eine Lösung haben, weil das ist das Schönste, dieses ewige Niederdiskutieren, und niemand ist aber für eine Lösung verantwortlich. Und das ist schon dieses starke Konfliktpotential für Industrielle, daß ja nur einer kommen muß und sagen, das will ich einmal wissen. Damit ist man also blockiert, da gibt es kein Unternehmertum mehr" (3);

3.2.3.1 Die Rolle der Medien

Einen wesentlichen Beitrag zur Entstehung und Verbreitung solcher, für die Industrieunternehmen problematischer Strömungen liefern aus der Sicht der Manager die *Massenmedien*. Die massive Kritik, die an ihnen geübt wird, bezieht sich weiters darauf, daß ihnen generell eine *industriefeindliche Haltung* attribuiert wird, die sich folgendermaßen äußere: die Medien

- nehmen Umweltaktivitäten *der Betriebe nicht adäquat wahr*,
- brandmarken (fälschlicherweise) Produktionsverfahren und Produkte als umweltschädlich,
- lasten in ihren Berichten das ökologische Fehlverhalten einzelner Betriebe der gesamten Industrie an,
- lassen Objektivität vermissen, indem sie sich von (selbsternannten) Umweltschützern für deren Zwecke instrumentalisieren lassen.

Dieser medienkritischen Einstellung entspricht ein relativ *hohes Ausmaß an potentieller Bedrohung*, das aus der Sicht der Interviewten von den Medien ausgeht, wobei vor allem irreparable Imageschäden befürchtet werden. Da die Medien von den Unternehmen letztlich nicht unter Kontrolle gebracht werden können und damit grundsätzlich verdächtig bleiben, versuchen die Unternehmen, mit ihnen "gut auszukommen" und einer für sie negativen Berichterstattung vorzubeugen. Zu diesem Zweck werden die Medienvertreter regelmäßig informiert und zu Besuchen eingeladen, damit sie sich von den betrieblichen Umweltaktivitäten ein objektives Bild machen können. An dem von den Managern wahrgenommenen, angespannten Verhältnis zwischen Industrieunternehmen und Medien ändern derartige Umgangsstrategien jedoch nichts:

> *"Nein, nein, bei uns hat es keinen Konfliktfall mit den Medien gegeben...im Gegenteil, wir sind da sehr sehr offen, nicht, also sie können bei uns rein und raus gehen, da haben wir überhaupt keine Probleme. Sie können sich, jeder, am Tag fünfmal bei einer Führung anschließen und sich das Werk anschauen, also es ist offen, und das spricht ja schon dafür, daß wir nichts zu verbergen haben, und die Medien sind uns durchaus durchaus wohlgesonnen, eben aufgrund der sehr sehr offenen, der sehr sehr offenen Politik haben wir keine Probleme" (12).*

3.2.3.2 Umweltschutzbewegungen und Anrainer

Das zunehmende Umweltbewußtsein in der Bevölkerung hat auch dazu geführt, daß sich die Industrieunternehmen mit Anliegen und Forderungen der *Umweltschutzbewegung* auseinandersetzen müssen. Aus der Sicht der Manager bestehen zwischen umweltpolitischen Gruppen, Bürgerinitiativen sowie nicht organisierten Anrainern und der Industrie enorme Sprach- und Kommunikationsprobleme. Die Umweltinitiativen werden durchwegs *negativ* wahrgenommen:

- sie sind rationalen Argumenten und einem rationalen Diskurs (mit der Industrie) nicht zugänglich, stellen an die Unternehmen unerfüllbare und unsinnige Forderungen und verstehen im Grunde nichts von den wirtschaftlichen und technischen Umweltschutzmöglichkeiten:

"Wenn ich also heute die sogenannten Biobewegungen hernehme, wo man dann sagt, okay, Kork müssen wir nehmen, und wo dann plötzlich auch die Biologen draufkommen, daß das der größte Wahnsinn ist, also Kork, und sage, na gut, das ist statt Polysterol einzusetzen, und dann diese ver-, ver-, verflixte Aufklärungsarbeit, bloß weil sich halt dann irgendwo zwei auf die Straße legen und irgendetwas sagen, die können schon aus einer Unwissenheit irrsinnig störend sein. Jetzt müssen Sie da natürlich ganz sachlich und logisch sagen, gut, dann stellen wir gegenüber: was schädigt jetzt mehr, was schädigt weniger, wo sind die Prioritäten, wo ist der Nutzen?" (3);

oder:

"Die Sachverständigen haben ganz eindeutig dort auch gesagt, also, wenn wir jetzt - Emissionen gibt es fast gar keine, es wird ja nichts produziert - wenn wir jetzt dort Faktor 100 hätten, und der gesetzliche Höchstwert ist 500, ja, zum Beispiel, dann wird man durch den neuen Betrieb von 100 herunterkommen auf 10, also eine zehnfache Verbesserung von dort, wo eh schon nichts ist; also es wird sicherlich besser werden, ja, und das Risiko wird natürlich vermindert werden, daß nichts mehr passieren kann - aber trotzdem sind die dagegen" (2);

- statt konstruktive Lösungsvorschläge anzubieten bzw. daran mitzuarbeiten, neigen sie zu Ungeduld und zur Emotionalisierung und gefallen sich in der Pose des Protestierers:

"...das ist also eine Frage, wo man also, sagen wir, rabiateren Umweltbewegten das Maß an Geduld nur schwer anerziehen kann; sie sagen, die Welt geht heute zugrunde, wir können nicht bis morgen warten; ich weiß, das ist schwierig, aber wenn man als Politiker oder eben auch im Management eines Unternehmens damit beauftragt ist, die Dinge irgendwie zu steuern, muß man sich also eine gewisse Gelassenheit also doch anerziehen, denn mit 'Ho-Ruck' lassen sich die wenigsten Dinge wirklich dauerhaft und auch vernünftig regeln" (16);

- weiters benützen sie den Umweltschutz nur als Vorwand dafür, selbst ins öffentliche Rampenlicht zu treten und ihr eigenes Image aufzuwerten:

  "...dann ist er halt dagegen, dann kann man ihn auch mit Argumenten nicht überzeugen, wobei dann ja meines Erachtens noch andere Aspekte mithineinkommen, das verselbständigt sich von der Problematik: es geht dann eigentlich gar nicht mehr ums Thema, sondern diese Bürgerinitiativen, das sind - in dem Fall sind es drei Frauen, Hausfrauen, die natürlich eine gewaltige Imageaufwertung erleben, mit hohen Politikern konferieren, mit dem Bürgermeister am Tisch sitzen" (2);

- Unverständnis herrscht bezüglich der Tatsache, daß den Vertretern der Grünbewegung von hochrangigen Politikern beim politischen Willensbildungsprozeß ein Mitspracherecht eingeräumt wird:

  "Ja, im Prinzip spielt sich das so ab, daß von Seiten meistens der Ministerien, die eben auch wieder von gewissen Lobbies beeinflußt werden - da möchte ich also die Umweltschützer dazuzählen -, Initiativen gesetzt werden" (9).

In einem Interview wird auf *positive Beiträge* der Umweltgruppen hingewiesen, indem sie die Industriebetriebe zu noch umweltschonenderen Verfahren und Produkten animieren würden:

> *"...sind mir auch bestimmte Aktionen der Grünen auch nicht unsympathisch, weil ich davon ausgehe, wir in der Industrie müssen noch bessere Lösungen anbieten, um die Umwelt noch stärker zu schonen" (12).*

Konstruktive Umgangsformen mit von Umweltinitiativen an die Unternehmen herangetragenen Erwartungen lassen sich in den Aussagen der Manager nur spärlich finden. Eine wesentliche Voraussetzung für ein Aufeinander-Zugehen ist die *Feststellbarkeit* der behaupteten Belästigungen: wenn es sich beispielsweise um sicht-, hör- bzw. riechbare Emissionen handelt, ist man bereit, den

Beschwerden nachzugehen und - falls nötig und möglich - mittels technischer Maßnahmen Abhilfe zu schaffen:

> *"...die konnten also ihre Fenster nicht mehr aufmachen, weil es nach Kaffee gestunken hat, das war das eigentümliche daran, ganz intensiv und scharf nach einer Kaffeerösterei. Wir haben Drohanrufe bekommen, es ist also der damalige Werksdirektor persönlich, er und seine Familie sind also persönlich bedroht worden. Wir haben einen Dienst eingerichtet, der telefonisch also Tag und Nacht diese Reklamationen der umwohnenden Bürger registriert und aufgenommen hat, haben uns dann auch gleichzeitig bemüht zu erfahren, ob es denn irgendwo Erfahrungen mit dem Beseitigen dieser Duftstoffe gibt" (5).*

Die Unternehmen wenden auch bestimmte *Taktiken* an, um ein "friedliches Zusammenleben" mit und mehr Verständnis bei den Anrainern zu erreichen:

> *"Wir haben auch zweimal so Nachbarschaftsaktionen durchgeführt, haben alle eingeladen aus den umliegenden Häusern und bei uns in unserem Speisesaal, haben denen alle Anlagen gezeigt und gesagt, schaut's euch das an...es sind einmal tausend Leute dagewesen, das war also eine richtige Invasion, und jeder hat ein Paar Würstchen gekriegt, schaut's euch das an, daß ihr keine Angst haben müßt's vor uns, weil wir machen nichts, was irgendwo zu verstecken wäre, und, was unsere Produkte anlangt, ist das eigentlich auch selbstverständlich" (15).*

Wenn jedoch die Versuche mißlingen, durch taktisches Einbeziehen der jeweiligen Umweltinitiativen den Konflikt oder "Störfall" zu beseitigen, wird notfalls sogar damit gedroht, die Produktion bzw. den Betrieb ins Ausland - vorzugsweise nach Osteuropa - zu verlegen.

3.3 Umweltbezogene Maßnahmen in der betrieblichen Lebenswelt - betriebliche Bewältigungsstrategien und Umgangsformen mit ökologischen Anforderungen

Der vorhergehende Abschnitt behandelte die Frage, welche umweltbezogenen außerbetrieblichen Anforderungen aus der Sicht der Manager an die Industrieunternehmen herangetragen werden und wie diese Bereiche bzw. Gruppen wahrgenommen und eingeschätzt werden. Im folgenden wird zu klären versucht, welche konkreten Auswirkungen derartige antizipierte Erwartungen auf die betriebliche Lebenswelt haben. Diesbezüglich werden in den Interviews konkrete Umweltschutzmaßnahmen genannt, die sich auf vier Bereiche beziehen, und zwar auf

- die Produktion,
- die Produkte,
- die Organisationsstruktur und Mitarbeiter der Unternehmen sowie
- den persönlichen Handlungs- und Entscheidungsbereich.

3.3.1 Der Produktionsbereich

Aus den Interviews geht hervor, daß die Industrieunternehmen eine *Fülle* von umweltschützenden Maßnahmen im Produktionssektor vorgenommen haben. Diese Maßnahmen wurden jedoch nicht aus der Einsicht in umweltbelastende Nebenwirkungen gesetzt, sondern fast ausschließlich aufgrund *gesetzlicher Auflagen:*

> *"In den Produktionsbereichen haben wir eigentlich diese ganzen Gesetzessituationen zu bewältigen" (3).*

Zur Erfüllung umweltpolitischer Vorschriften bedient man sich eines Mittels, das aufgrund der enormen Fortschritte die Festschreibung strenger Normen in Gesetzen und Verordnungen überhaupt erst ermöglicht hat: der Technik. Die Manager setzen auf den Einsatz technologischer Verfahren, um die Umweltbelastungen, die im Produktionsbereich entstehen, zu reduzieren bzw. so gering wie möglich zu halten:

> *"...das ist eigentlich eine Frage der Technik und der Logistik, das ist alles lösbar, das ist alles lösbar" (2).*

So werden die *Produktionsanlagen* nach dem letzten Stand der Technik betrieben, wodurch eine spürbare Senkung von *Emissionen* erreicht werden konnte - oft auch unter die gesetzlich vorgeschriebenen Grenzwerte:

> *"...wobei hier natürlich im Laufe der Jahre, ich bin also jetzt 28 Jahre bei der Firma, sehr viel gemacht wurde in Richtung Lärmemission, Staubemission, Geruch, Abwasser. Da waren also im Laufe der Zeit immer mehr technische Möglichkeiten vorhanden, hier was zu tun" (15).*

Die Erfahrung der letzten Jahre zeige auch, daß derzeit noch bestehende Umweltprobleme in absehbarer Zeit durch den *technischen Fortschritt* gelöst werden. Umweltschutz erscheint hier als technisch-wissenschaftlicher Prozeß, der *permanent* verläuft:

> *"Was wir also sicher als Industrie noch an beachtlicher Umweltverschmutzung in Richtung Abwasser liefern, das aus der Chlorbleiche kommende, berühmte NO_x, der also gemessen wird in Kilogramm pro Tonne gefertigten Zellstoff, der lag bis vor eineinhalb Jahren bei etwa sechs, sechseinhalb, sieben Kilogramm NO_x pro Tonne Zellstoff. Wir haben dann im Umbau im letzten Jahr eine Bleichstufe von Primärchlor auf Chlordioxyd umgestellt und haben also mit dieser Maßnahme, die auch viel gekostet hat, den NO_x halbiert, sind also auf ungefähr drei Kilogramm pro Tonne gekommen, aber Stand der Technik ist also ein Kilogramm NO_x...von den Behörden her ist es natürlich klar, daß man sich dieses eine Kilogramm NO_x vorstellt, und das ist uns jetzt zuwenig, wir werden eine runde Milliarde im nächsten Jahr in die Zellstoffabrik investieren, um noch weiter herunterzukommen" (5).*

Der wissenschaftliche Fortschritt ermöglicht weiters die Verwendung von *Rohstoffen und Materialien*, die wesentlich umweltschonender sind:

> *"Dann hat man einmal begonnen, die Waschaktivsubstanz umzustellen auf einen abbaubaren Rohstoff, ja, daß also der Schaum verschwindet, also daß hier dieses Haupttensid leicht abbaubar wird; dann ging die nächste Geschichte auf die Phosphate, die Überdüngung, die Eutrophierung der Gewässer, also dann hat man das Phosphat schrittweise eliminiert, wir haben also da einen Ersatzstoff entwickelt, der also auch ähnlich härtebildend ist wie Phosphat...bei den Packstoffen verwenden wir kein PVC mehr, vor zwei Jahren haben wir entschieden, wir verwenden kein PVC mehr, grundsätzlich nicht; oder dann: weg von den Treibgasen, von den FCKW's, also Sie können's auf allen Gebieten verfolgen, das geht also permanent" (15).*

Nach Meinung der Manager schenken die Unternehmen dem Problem der *Entsorgung* von im Produktionsbereich anfallenden Abfall besondere Aufmerksamkeit. Auch hier sind im wesentlichen gesetzliche Auflagen für betriebliche Umweltaktivitäten verantwortlich. Es fällt auf, daß die Möglichkeiten und die Effizienz der verwendeten Entsorgungskonzepte und -techniken im Hinblick auf ihre umweltschonenden Wirkungen differenziert wahrgenommen werden. Die einen bezeichnen die getrennte Sammlung und Entsorgung von bestimmten Abfällen aufgrund technischer Möglichkeiten als *ökologisch zufriedenstellend:*

> *"...also alles, was hier anfällt an Müll im weitesten Sinn, Abfall, das zu trennen: Sondermüll, Hausmüll...die Durchtrennung in z.B. Alteisen, Altpapier, Kunststoff, Neonröhren, Altglas; dann haben wir Abwässer natürlich; die kontaminierten Wässer gehen in die Verbandskläranlage des Abwasserverbandes X, dort leiten wir ein" (8).*

Eine andere Gruppe stuft die derzeit bestehende Entsorgungspraxis als - im Vergleich zu früheren Zeiten - *ökologisch akzeptabel* ein. Diese Meinung basiert auf betrieblichen Erfahrungen/Beobachtungen, wonach eine ökologisch einwandfreie Entsorgung von Produktionsabfällen (noch) nicht möglich ist; das Ausmaß an Umweltbelastung konnte aber durch Technikeinsatz - vergleichsweise - deutlich herabgesetzt werden:

"Da sind wir sehr darauf bedacht, daß wir ein Regenerieren von den Abwässern haben, wir haben da eine eigene Anlage, wo sich das Wasser wieder regeneriert, und am Schluß bleibt dann halt so ein Packerl, ein Filterkuchen über, der muß dann entsorgt werden, also das ist dann komprimiert, wahrscheinlich schon, also nicht wahrscheinlich, sondern sicher eine Belastung, aber ganz ohne die geht es ja nicht, diese Entsorgung; aber es wird bei uns sehr viel Wert gelegt...der Kreislauf ist bei uns geschlossen, da wird kein Wasser verschmutzt" (7).

Als dritter Meinungstyp läßt sich eine *entsorgungskritische* Haltung identifizieren: zwar können durch den Einsatz modernster Technologien die vorgegebenen Grenzwerte bei der Abfallbeseitigung erreicht bzw. eingehalten werden, zweifelhaft bleibe aber weiterhin der ökologische Nutzen solcher Maßnahmen - man dürfe Entsorgung nämlich nicht mit ökologischer Unbedenklichkeit gleichsetzen:

"Auf der anderen Seite muß man auch ganz offen sagen, daß es gewisse Produktionstechnologien nach wie vor in unserem Bereich gibt, die nicht so umweltfreundlich sind, wie man es der Elektronik üblicherweise gerne anhängt. Ja, der ganze Bereich der Galvanik, wo Metallteile behandelt werden, dioxiert werden oder was auch immer, ich bin da kein so Experte, aber da gibt es doch sehr sehr viel Chemie, die da verwendet wird, die zwar ordnungsgemäß entsorgt wird, wo ich aber einfach den Verdacht habe, daß selbst die ordnungsgemäße Entsorgung nach wie vor eine gewisse Belastung der Umwelt darstellt" (6).

Die Entsorgungsproblematik stellt für die Unternehmen nicht nur wegen umweltpolitischer Auflagen, sondern auch aus *betriebswirtschaftlicher*

Perspektive ein wichtiges Thema dar. Die Manager orten zwei Berührungspunkte zwischen den Interessen der Industrie und den Interessen des Umweltschutzes:

a. Durch das Entsorgen von Produktionsabfällen entstehe für die Betriebe ein erhöhter *Kostendruck*, weshalb auch das Eigeninteresse an reduzierten Abfallmengen - mittels technischen Fortschritts - im Steigen begriffen sei. Mit derartigen kostensenkenden Maßnahmen gehe gleichzeitig eine Verringerung der Umweltbelastung einher:

   "...das geht halt bei uns also alles in die vielen Tonnen und in die Eisenbahnwaggons, und in dem Maß, wie eben das Entsorgen auch teurer wird, wird also auch die technische Entwicklung, die zur Vermeidung oder zur zur Minimierung von Abfällen führt, eben interessanter und interessanter, nicht" (16).

b. Weiters werden in zunehmendem Maße betriebliche Anstrengungen unternommen, um Rohstoffe, die im Produktionsabfall enthalten sind, rückzugewinnen und wiederzuverwenden:

   "...da sind also im wesentlichen die Kreisläufe, wo also Wässer oder Chemikalien oder was auch immer eingesetzt werden, geschlossen, also das wird immer, wenn ich das noch so laienhaft erklären darf, in sich gereinigt und wieder verwendet, weil ja auch hier Füllstoffe, Leime und Dinge, die von der Kostenseite her gar nicht so zu vernachlässigen sind, und das wiederzugewinnen und zurückzuholen spielt also auf der Kostenseite eine Riesenrolle" (5).

Festzuhalten bleibt, daß im Produktionsbereich nur dort, wo sich Kostenvorteile erzielen lassen, Unternehmensaktivitäten gesetzt werden - mit dem angenehmen Nebeneffekt, daß damit gleichzeitig die Umweltbelastung reduziert wird. Anders ausgedrückt: betriebliche Umweltschutzmaßnahmen im Produktionsbereich - soweit sie nicht gesetzlich vorgeschrieben sind - unterliegen dem Primat des ökonomischen Kosten-Nutzen-Kalküls.

3.3.2 Der Produktbereich

Nicht nur in der Produktion, auch bei den Produkten wird eine zunehmende Bedeutung der Umweltthematik konstatiert. Neben gesetzlichen Auflagen, die beispielsweise den Verkauf einzelner umweltbelastender Produkte verbieten, spielt für die Unternehmen vor allem die Nachfrage am Markt, in der sich auch die öffentliche und politische Meinung niederschlägt, eine entscheidende Rolle. So lassen sich einmal bestimmte Produkte, die in den Augen anderer beträchtliche Umweltbelastungen verursachen, nur mehr schwer absetzen:

> *"Also es gibt sicherlich insgesamt eine Umstellung von den Produkten, die wir erzeugen können oder die wir verkaufen können, hier ist eine Änderung eingetreten. Die Elektroindustrie baut ja vom Kraftwerk bis zum letzten Verbraucher Elektrogeräte oder elektrische Einrichtungen, und da ist die Verlagerung sicherlich vom Kraftwerkbau weg hin zu den Verbrauchern, zu Automatisierungssystemen...Und auch bei den Wasserkraftwerken ist sicherlich das Problem, daß man sie ja nicht überall hinstellen kann, das haben ja die Diskussionen der letzten Jahre gezeigt, also die Zeit der großen Kraftwerke, des Baus von großen Kraftwerken ist sicher vorbei" (11).*

Andere Produkte wiederum erfreuen sich infolge ihrer vergleichsweise geringen ökologischen Bedenklichkeit steigender Akzeptanz und damit erhöhter Verkaufschancen:

> *"Ich glaube, der größte Umweltbezug stellt sich schon durch unser Produkt dar, da wir Schienenfahrzeuge bauen, also irgendwo mithelfen wollen, den auf uns zukommenden Verkehrsfluß, Verkehrsstau zu beseitigen. Wir leisten hier einen allgemeinen Umweltbeitrag für die österreichische und möglicherweise internationale Wirtschaft" (13).*

Der Marktdruck erfordert also von den Unternehmen eine stärkere Berücksichtigung von Umweltfragen im Bereich der Produktpolitik. Dem wird - aus der Sicht der Manager - in dreifacher Art und Weise Rechnung getragen:

- Zum einen werden durchgehend Maßnahmen gesetzt, die auf eine *qualitative Verbesserung* der hergestellten Produkte abzielen. Auf einen erhöhten umweltbezogenen Standard werde schon bei der Planung neuer Produkte Bedacht genommen:

  "Umwelt ist bei uns sicher schon einmal im Produkt durch Design, das heißt also schon vorher, wenn man ein Produkt einmal entwickeln will, man hat den Plan, also in fünf Jahren soll das fertig sein, dann wird schon einmal an Umweltverträglichkeit gedacht" (7).

  Voraussetzung für die Herstellung umweltfreundlicher Produkte seien neue Erkenntnisse im Bereich der Produktgestaltung, die durch *technisch-wissenschaftliche Forschungen* gewonnen werden. Auch hier erweise sich die Produktivkraft Wissenschaft als unersetzlicher Wegbereiter für Maßnahmen im Bereich des betrieblichen Umweltschutzes. Die Betriebe arbeiten laufend an umweltbezogenen Verbesserungen ihrer Produkte, weshalb man optimistisch sei, daß derzeit noch bestehende Probleme in absehbarer Zukunft technisch gelöst sein werden. Zwei Beispiele sollen diese Sichtweise verdeutlichen.

  Durch unternehmerische Bemühungen im technischen Bereich konnten bei den Produkten in immer größerem Ausmaß umweltbelastende durch *umweltverträgliche Stoffe* und Materialien ersetzt werden:

  "...wir haben auf dem Sektor der wiederaufladbaren Consumerbatterien heute verbreitet Nickelcadmiumbatterien - auch ein Produkt, das gesammelt werden muß, weil Cadmium als Schwermetall hochgiftig ist und nicht über den Müll in den Boden oder in den Wasserkreislauf kommen darf; jetzt hat sich die Industrie überlegt, was können wir machen, um das Produkt ungefährlich zu machen, und unsere Kon-

zernforscher sind gerade dabei, ein Produkt aus der Taufe zu heben, eine sogenannte Nickelhybridbatterie, bei der das giftige Cadmium durch ungiftige Stoffe ersetzt wird" (13);

weiters konnte mittels technischer Fortschritte eine deutliche *Senkung giftiger Emissionen* bei der Produktnutzung erzielt werden:

"Ich sehe also hier eigentlich verschiedene Gebiete, wo das Auto echt Probleme aufwirft: da ist einmal die Frage der giftigen Schadstoffe, also Abgasemissionen; das hat man weitgehend durch den Katalysator im Griff, ich würde meinen beim PKW, das gilt jetzt nicht für die schweren Diesel-LKW, das ist ein separates Gebiet, wo noch das eine oder andere geschehen wird, die Entwicklungen laufen, aber noch ist man nicht ganz so weit; aber beim Benzin-PKW hat man die Dinge eigentlich schon soweit im Griff, daß also von den giftigen Gasen eigentlich keine so gravierende Gefahr mehr droht" (16).

Die Umweltschutzbemühungen beziehen sich jedoch nicht nur auf die Produkte, sondern auch auf deren *Verpackung*. Von den Managern wird der betriebliche Umgang mit diesem Thema im Hinblick auf ökologische Probleme *ambivalent* wahrgenommen: zum einen werden Anstrengungen unternommen, gefährliche Materialien nach Möglichkeit durch "neutrale" Stoff zu ersetzen; zum anderen wird kritisiert, daß dem Verpackungsproblem im allgemeinen zuwenig Aufmerksamkeit geschenkt werde - das erkenne man beispielsweise daran, daß bereits vorhandene umweltverträgliche Stoffe im Verpackungsbereich noch nicht verwendet werden:

"Einen Punkt würde ich noch in der Verpackung sehen; unsere Firma ist sehr exportorientiert, wir haben weit über 80 Prozent unserer Produkte in die ganze Welt zu versenden und zu verschicken. Und da ist es natürlich so, daß das Fertigprodukt auf der Palette eingeschweißt wird, da gibt es einen eigenen Schrumpfofen, es gibt eine eigene Schrumpffolie, da wird das eingeschweißt, auf der Grundpalette

liegt also schon eine PVC-Folie, und der Schrumpfofen verschweißt dann eine Folie, die über das Fertigprodukt gelegt wird mit dieser Grundplatte, sodaß also das Produkt seetüchtig verschickt werden kann, weil - das wissen wir alle -, wenn das Papier naß wird, dann wird es also wellig und nimmt also Eigenschaften an, die kein Drucker brauchen kann, wenn er es endverwendet. Und da, denke ich, muß man auch wegkommen davon, also von diesen Polyverpackungen, obwohl also das verwendete Material nicht mehr das PVC ist, sondern irgendetwas, was nicht mehr so in diese urschädliche Kerbe hineinschlägt, aber da ist sicher noch Handlungsbedarf" (5).

- Die Unternehmen machen sich auch zunehmend Gedanken über umfassende und effiziente *Entsorgungs- und Recyclingkonzepte* bezüglich gebrauchter Produkte. Die Manager sind sich darin einig, daß sich die ökologische Verantwortung der Betriebe für ihre Produkte auch auf die Zeit nach deren Verwendung erstrecke - die Bereitschaft steige, sich mit Fragen der Rückführung und umweltverträglichen Entsorgung der Produkte zu befassen und dafür Lösungen zu erarbeiten. Dem Kunden könne nicht mehr zugemutet werden, allein für die fachgerechte Entsorgung gebrauchter Güter zu sorgen.

  Derartige Überlegungen bzw. Aktivitäten werden vor allem dann angestellt bzw. durchgeführt, wenn sie mit *Wettbewerbsvorteilen* verknüpft werden können. Dies ist zum Beispiel dann der Fall, wenn sich durch ein Recyclingsystem für die Produktion benötigte Rohstoffe *kostengünstig* beschaffen lassen:

  "...zum anderen ist die gebrauchte oder verbrauchte Autobatterie auch wieder ein wertvoller Rohstoff, den wir einsammeln und dem Recycling zuführen... Wir zahlen auch für gesammelte Altbatterien einen kleinen Betrag, wir zahlen nicht für jede einzelne Batterie, die uns ein Endverbraucher bei einer unserer Verkaufsstellen abgibt, weil da würde das Verrechnen mehr kosten als der Wert des Produkts, aber wenn Händler sammeln und uns die Ware auf Paletten schlichten, abholbe-

reit hinstellen, dann zahlen wir sogar pro Kilo einen gewissen Betrag" (9).

Indirekte Kostenvorteile können auch dann erzielt werden, wenn sich durch Recyclingbemühungen das *Unternehmensimage* verbessern läßt; um dies zu erreichen, würde man sogar gesetzliche Auflagen wie die Einführung eines Markierungs- oder Pfandsystems befürworten:

"Die Produkte sind von der Verwendung her umweltfreundlich, aber trotzdem unter dem Überbegriff Plastik und Plastikmüll natürlich ziemlich ins Schußfeld geraten...Das eine ist die thermische Verwertung, Verbrennen; und da steckt ja sehr viel Energie drinnen, nicht, da steckt ja praktisch die Energie des Rohstoffs drinnen, also das kann man mit wenig Aufwand tun, weil ja kaum schädliche Produkte drinnen sind. Das Problem ist beim Verbrennen natürlich die Trennung, die Trennung des Kunststoffabfalls in diverse Kunststoffe, weil: Metall können Sie leichter trennen: da ist das Eisen, das ist Kupfer, das ist Aluminium, das leuchtet auch einem Laien eher ein, nicht, oder Glas. Beim Kunststoff, da gibt es jetzt die vom PVC über Polyoletine, Polyäthylen, Polypropylen, Polyamide, Styropor usw., jede Menge, nicht. Wenn dann natürlich PVC dabei ist und Sie verbrennen das, dann haben Sie natürlich negative Auswirkungen. Da gibt es ja noch andere Möglichkeiten, mit Markieren, damit auch der Endverbraucher trennen kann, oder Pfandsystem, das wird sicher das Produkt mit gewissen Kosten belasten" (8).

- Ein dritter Typ von betrieblichen Umweltschutzmaßnahmen im Produktbereich bezieht sich auf die *Informationspolitik.* Insbesondere Händler und weiterverarbeitende Betriebe, die mit dem Unternehmen im Bereich der Entsorgung bzw. des Recycling zusammenarbeiten, werden von den Unternehmen darüber informiert, welche umweltbelastenden Stoffe das jeweilige Produkt enthält, wie man damit ökologisch umgeht bzw. es umweltfreundlich entsorgt:

"...in der Information unserer Kunden, wobei ich unter Kunden eben Wiederverkäufer, Händler verstehe, das kann also sein durch Informationsveranstaltungen, durch Rundschreiben, durch Merkblätter, die wir herausgeben, sodaß wir also auch dafür Sorge tragen, daß der nächste, der unser Produkt in die Hand bekommt, sich nach unseren Richtlinien umweltgerecht verhält" (9).

Aktivitäten im produktinformativen Bereich sind fast ausschließlich dann anzutreffen, wenn sie betriebliche ökonomische Interessen (z.B.im Bereich des Recycling) unterstützen; in diesem Sinn haben derartige Informationen den Charakter von "begleitenden Maßnahmen":

"Wir stehen dort zur Verfügung, wo der Händler ein Problem hat, das er selbst nicht lösen kann, oder wo ihm Know-How fehlt, das wir haben, das stellen wir gerne zur Verfügung natürlich. Wenn wir es von uns aus sehen, werden wir auch darauf hinweisen, liebe Tankstelle, du sollst die Batterien nicht hinterm Haus in den Bach kippen, sondern du sollst sie gefüllt stehen lassen, wir nehmen sie ja gefüllt zurück. Also wir sind sogar soweit gegangen, daß wir also leere, entleerte Altbatterien, Autobatterien gar nicht mehr zurücknehmen, um den Händler eben zu zwingen oder zu veranlassen, die Säure nicht irgendwie umweltschädlich zu entsorgen" (9).

3.3.3 Organisationsstruktur und Mitarbeiter

Wie schätzen die Manager den innerbetrieblichen Umgang mit der Umweltproblematik ein? Welche Maßnahmen werden gesetzt, um ein verstärktes umweltbewußtes Denken und Handeln zu transportieren?

Grundsätzlich wird dem Umweltthema in der innerbetrieblichen Kommunikation ein hoher Stellenwert zugemessen, wobei aus der Sicht der Befragten dem *Management* bei der Verbreitung und Durchsetzung eines ökologischen Unternehmensleitbildes durchwegs eine *Vorreiterrolle* zukommt:

"Ja, die Führungskräfte haben da die entscheidende Verantwortung, den Prozeß zu begleiten und die entsprechenden Vorkehrungen zu treffen" (13).

Die Manager erscheinen als innerbetriebliche "Öko-Pioniere", die ständig bemüht sind, den Umweltschutzgedanken betriebshierarchisch nachgeordneten Gruppen nahezubringen und dafür zu sorgen, daß die Mitarbeiter in ihrem Denken und Tun auf ökologische Belange verstärkt Rücksicht nehmen. Um ein erhöhtes Umweltbewußtsein bzw. eine erhöhte ökologische Handlungsbereitschaft bei den Mitarbeitern zu erzielen, werden in den Unternehmen verschiedene *Kommunikationsstile* praktiziert:

- Beim vorherrschenden Typ geht man davon aus, daß innerbetrieblicher Umweltschutz dann am effizientesten ist, wenn umweltbezogene Entscheidungen, die für alle Unternehmensbereiche gelten, *allein das Management* trifft:

  "Dieser Bereich ist also doch ziemlich diktatorisch abgedeckt, sodaß wir unserer Vorbildrolle ganz gerecht werden, es geht also dann so, daß wir Umweltpapier verwenden müssen...die Bereiche, die komplexer werden, die müssen wir diktatorisch innerhalb unserer Aufgabe lösen, da gibt es dann keine Diskussionen darüber, weil sie ja für den einzelnen nicht überschaubar sind, nicht" (3).

- Bei einem zweiten Typ wird das Prinzip des "Anordnens von oben" durch *Rückmeldungen* bezüglich Umsetzbarkeit und Erfolg "von unten" ergänzt:

  "Das ist durchgehend, Sie können einmal oben die Ziele strategisch festlegen, dann muß es auf einmal durchkommen, und dann muß es von unten herauf zurückkommen, ansonsten hat es keinen Erfolg" (7).

- In einigen Interviews wird zur Unterstützung der (vom Management) getroffenen Maßnahmen auf die *persönliche Vorbildwirkung* hingewiesen:

"Ich habe noch bei der Firma gearbeitet, da war noch der Firmengründer, der hat mit vier Leuten angefangen und hat es zu zweitausend Leuten gebracht; und ich habe da persönlich, der hat mir noch auf die Schulter geklopft und hat gesagt: brav bist, und hat mich geschimpft, wenn ich etwas weggeworfen habe, was nicht zum Wegwerfen war, was zum Wiederverwerten war; der hat sich gebückt, der war schon sechzig Jahre alt, der hat sich gebückt und hat mir das aufgehoben; na, ein zweites Mal habe ich mir das nicht mehr erlaubt, das war ja blamabel für mich, und das ist praktisch von oben nach unten gelebt worden und wird auch weitergelebt" (7).

- Wesentlich seltener wird davon berichtet, daß Umweltinitiativen, die *von Mitarbeitern* ausgehen, die Zustimmung der Manager finden und betriebsweit eingesetzt werden:

"Ich glaube, daß das von unserer EDV-Abteilung ausgegangen ist, die ja weiß, wieviel Papier da im Monat bedruckt wird...von dieser Stelle, die diese Listen erstellt und sie ausdruckt, ist dieser Vorschlag gekommen, und der Vorstand hat zugestimmt, und so ist das eingeführt worden" (11).

Diese vierteilige Typologie ist analytisch zu verstehen - in den Interviews wird fast immer von *Mischtypen* berichtet, die in den jeweiligen Betrieben praktiziert werden. Als zentrales Element liegt allen eine gemeinsame Vorstellung zugrunde: innerbetrieblicher Umweltschutz ist "*Chefsache*"; das meint, daß Umweltaktivitäten, die sich auf die Innenwelt der Unternehmen beziehen, vor allem dann effektiv sind, wenn sie von den Führungskräften, die ja die Wichtigkeit ökologischer Belange im unternehmerischen Handeln erkannt haben, *gesteuert, geplant, kontrolliert* sowie auf ihre *Kosten-Nutzen-Relation* und ihre *Durchführbarkeit* überprüft werden.

Welche konkreten Umweltschutzmaßnahmen sind in den Unternehmen eingeführt worden?

Managerielle Umweltschutzaktivitäten betreffen fast ausschließlich *organisatorische Maßnahmen*, die auf verschiedenen Ebenen stattfinden:

- In den meisten Betrieben ist die Institution des sogenannten "*Umweltschutzbeauftragten*" installiert worden. Dabei handele es sich um juristische bzw. technische Experten, deren zentrale Funktion darin bestehe, die umweltspezifischen gesetzlichen Bestimmungen, die für den Betrieb relevant seien, aufzuarbeiten und dafür Sorge zu tragen, daß sie auch eingehalten werden; weiters vertreten sie das Unternehmen in Umweltbelangen gegenüber Außenstehenden wie z.B. den (die Einhaltung der Umweltvorschriften kontrollierenden) Behörden:

"Der sogenannte Umweltschutzbeauftragte ist also ein Ingenieur, der nichts anderes tut, als sich dem Thema Umweltschutz zu widmen, Behördenkontakte - alles, was hier notwendig ist - zu pflegen; und seit kurzer Zeit haben wir einen Juristen, der auch nichts anderes tut, als ständig die Rechtsgrundlagen, die formalen Bedingungen nach innen und nach außen abzuchecken, dazu ist auch hier das Thema aufzubereiten" (5).

Teilweise werden die Umweltschutzbeauftragten auch für *präventive* betriebliche Zwecke eingesetzt: beispielsweise dann, wenn die Gefahr bestehe, daß in der betrieblichen Außenwelt ein Bild des Unternehmens generiert werde, das sich auf das (ökologische) Image erkennbar negativ auswirken könnte:

"Wir haben auch im Haus hier einen Umweltschutzexperten, wenn wir beispielsweise Maschinen versetzen und aus dem Fundament rausnehmen, dann schneiden wir das Fundament durch, und dann sieht man, ob es da im Laufe der Jahre irgendwelche Ölspuren gibt; da haben wir überhaupt noch nichts festgestellt, weil wir mit Mehrfachschichtungen, mit Plastikeinlagen und mit allen möglichen Dingen von vornherein daran gearbeitet haben - weil es immer ungut ist, mit solchen

Dingen eine miese Presse zu bekommen, nicht, das ist ganz schlimm" (12).

- Als weitere Maßnahme werden ökologische Inhalte in innerbetriebliche *Ausbildungs- bzw. Schulungsprogramme* eingebaut - zum einen aus bewußtseinsbildenden, zum anderen aber auch aus betriebswirtschaftlichen Gründen:

  "Wir versuchen natürlich unser Leitbild, was das Öko-System betrifft, ganz einfach intern und extern zu kommunizieren. Das geht also über unsere Ausbildungsakademie zum Beispiel, oder es geht über Schulungsprogramme, wo man eben intern die Leute ausbildet, wo man eben auch eine Verkäufermannschaft danach ausrichtet und sagt, das ist eigentlich unser Auftrag" (3).

- Innerbetrieblichen *Müllproblemen* wird nach Meinung der Manager besondere Aufmerksamkeit zuteil. Das betriebsweit organisierte Sammeln, Trennen und Entsorgen von Abfällen jeder Art erfolgt jedoch nicht nur aus ökologischen Motiven, sondern tangiert wesentliche betriebliche Interessen. Zum einen wird die Mülltrennung aus *Kostenüberlegungen* forciert:

  "Ja, wir trennen ganz einfach; es gibt also ganz einfach Müllklassen, und nach denen muß getrennt werden, und dann muß teilweise Geld dafür bezahlt werden, und dann kommt man ja darauf, wenn man also für besonderen Müll also eben soviel Geld zahlt, daß man sagt, also okay, was machen wir dagegen, es ist also ein Kostendruck oft drauf" (3);

zum anderen läßt sich eine betriebsweit organisierte Mülltrennung als *ideologisches Mittel* einsetzen: den Mitarbeitern wird einerseits konkretes ökologisches Handeln ermöglicht, zugleich aber auch indirekt versichert, daß sich das Management generell um Umweltschutzfragen bemühe und damit zusammenhängende Probleme unter Kontrolle habe und lösen könne - dazu zwei Interviewausschnitte:

"Es wird in Kürze an alle Mitarbeiter ein Werksplan ergehen, wo Container gekennzeichnet sind, in die also werksinterne Problemstoffe hineinkommen, Batterien, Metalle, Polyprodukte usw. Also das beginnt zu ziehen, und das muß man natürlich auch transportieren oder transformieren, damit also das Bewußtsein dann bei jedem einzelnen mitspielt, weil sonst werden die Container ja entweder mit falschen, nicht gewollten Produkten oder gar nicht gefüllt werden" (5);

"Das ist eigentlich eine Idee gewesen da von unserem Abfallentsorgungsfachmann, der immer wieder nach neuen Möglichkeiten sucht, hier den Müll zu trennen und zu erfassen, es ist ja so: viele Leute möchten ihn gern trennen, nur haben sie nicht die Möglichkeit dazu; da wollen wir eben, da gibt es ein innerbetriebliches Entsorgungskonzept, wo wirklich vor Ort möglichst bequem diese Trennung durch verschiedene Behälter schon ermöglicht wird" (8).

Insgesamt werden die unternehmerischen Bemühungen um eine verstärkte ökologische Orientierung bei den Mitarbeitern von den Befragten als *positiv* eingeschätzt. Die von den Managern vorangetriebene interne Kommunikation über das Umweltthema und die getroffenen umweltbezogenen Maßnahmen haben dazu geführt, daß die Mitarbeiter in steigendem Maße bereit seien, in ihrer unmittelbaren Arbeitsumgebung Umweltbezüge wahrzunehmen und dementsprechend zu agieren und damit ihren Beitrag zum betrieblichen Umweltschutz zu leisten:

"Natürlich ist das ein bißchen ein Erziehungsprozeß, äh, ich kämpfe sehr damit, daß die Mitarbeiter ihre Umgebung so sauber wie irgendmöglich halten, weil ich sage, ihr müßt den ganzen Tag da drinnen arbeiten, es ist eure Umgebung, ihr müßt bis 60 dort arbeiten, und da gibt es natürlich den einen oder anderen, dem das eine oder das andere wurscht ist, der einmal einen öligen Lappen dorthin schmeißt,

weil er nicht bereit ist, den wegzuräumen, das kommt natürlich vor und ist menschlich verständlich, genauso wie es Leute gibt, die eben nicht dazu zu bringen sind, mal eine Toilette sauber zu halten. Das ist einmal so drinnen, aber generell muß gesagt werden, ist das Umweltbewußtsein doch schon recht gut ausgeprägt" (12).

3.3.4 Unmittelbarer Handlungs- und Entscheidungsbereich

Entgegen der ökologischen Selbstdarstellung, die in den Interviews bezüglich der betrieblichen Innenwelt zu Tage tritt, setzen die Manager in ihrem unmittelbaren Arbeitsbereich nur selten umweltspezifische Initiativen. In der Wahrnehmung der Befragten spielen Umweltaktivitäten in diesem Bereich eine ziemlich unbedeutende Rolle. Auffällig ist, daß ausschließlich der *Bürobereich* thematisiert wird. Soweit betriebsweit Müll getrennt bzw. gesammelt wird, *beteiligt* man sich daran:

"Also wir sammeln einmal das Papier getrennt, in den Büros, wir haben unten Container stehen, da kommt das rein, das ist auf Betriebsebene eingeführt; zum Beispiel auch die Toner von den EDV-Druckern werden gesammelt an die EDV zurückgegeben und dann von einer zentralen Stelle entsorgt" (13).

Im Vergleich zu den "großen Problemen" erscheint der *eigene Beitrag* zum Umweltschutz in der betrieblichen Alltagspraxis als irrelevant und ohne Bedeutung:

"Ich kann da in meinem Bereich die Umwelt nicht sehr viel beeinflussen bzw. ich kann sie auch nicht viel belasten; also energiemäßig, na ja, Sie sehen, wenn niemand da ist, sind die Maschinen abgedreht, also die laufen nicht unnötig, was sonst oft in einem Büro ist, aber das mag vielleicht schon alleine deswegen sein, weil sie eine Wärme auch abgeben, Energie wird ja in Wärme umgesetzt" (7).

Die Manager stehen derartigen Aktivitäten grundsätzlich mit *Zweifel und Skepsis* gegenüber. Beispielsweise wird vermutet, daß es sich bei der Trennung von Büroabfall bloß um Alibiaktionen handle - genauso wie bei der Anschaffung von angeblich umweltschonenden Geräten, die noch dazu teuer sind:

> *"Ich würde sagen, in einem untergeordneten Ausmaß, ich würde das einmal so betrachten. Das Papier wird zwar getrennt gesammelt, also der Wiederverwertung zugeführt, nur, wo das wirklich hingeht dann, das weiß keiner. Ich fürchte fast, das wird gesammelt, wir trennen das Papier jetzt, und irgendwo wird das zusammengeworfen und dann wahrscheinlich verbrannt. Toner, na gut, da gibt es natürlich das Marketing von den Kopierfirmen, daß die den Toner wieder entsorgen und wieder zurücknehmen...und ich habe auch kurz überlegt, ob man nicht alle Laser-Jets, die wir haben, also mit einer Ozonfilterhaube ausstatten sollte, gemacht haben wir es nicht; es kostet viel Geld, und die Frage ist, was es dann wirklich bringt" (2).*

Die Einführung ökologischer Büromaterialien hängt davon ab, ob sie betriebswirtschaftlichen Kriterien genügen. So wird der Umstieg auf umweltverträglich(er)e Arbeitsmaterialien erst dann überlegt, wenn sie sich hinsichtlich ihrer Praktikabilität, Nützlichkeit, Zweckerfüllung und Kosten als mit den derzeit verwendeten Produkten gleichwertig erweisen (würden):

> *"Ja, und wir führen derzeit auch kein Gespräch darüber, daß wir zum Beispiel Umweltschutzpapier für das Kopieren verwenden. Wenn das Umweltschutzpapier, kopiertauglich ist - also das Problem ist ja immer nur: ist der Kopierer dafür geeignet, ja oder nein - und ist es gleichpreisig, dann werden wir es sicher verwenden; aber es gibt diesbezüglich keine wie immer gearteten Überlegungen" (4).*

3.4 Unternehmensphilosphie und die "ökologische Herausforderung"

3.4.1 Die Vorstellung vom umweltbewußten Unternehmen

Der antizipierte Druck der Außenwelt sowie betriebliche Umweltschutzmaßnahmen münden bzw. sind eingebettet in bestimmte Vorstellungen der Manager, die das gesamte Erscheinungsbild der Industrieunternehmen betreffen. Für die Befragten hat das Thema Umwelt generell *Eingang* in das Unternehmensleitbild und in die betrieblichen Zielvorgaben gefunden. Demnach seien ökologische Belange in unternehmenspolitische und strategische Überlegungen integriert - Umweltschutz sei zu einem zentralen unternehmerischen Anliegen geworden:

> *"Auch innerhalb der Unternehmensgruppe, in der wir uns befinden, ist der Umweltschutz ein hohes Anliegen, genauso wie Arbeitssicherheit, und wir geben uns da nicht mit relativ guten Werten zufrieden, sondern es kann immer noch besser werden" (8).*

Dies zeigt sich daran, daß die Unternehmen begriffen haben, daß sie nicht beliebig mit der Natur umgehen können - der Umgang mit ihr mache vielmehr ein *verantwortungsbewußtes Handeln* erforderlich:

> *"Wir sind der Meinung, daß also die Umwelt erste Priorität hat, ein absolut schützenswertes Gut ist, weil wir das ja für die nachfolgende Generation erhalten müssen, das ist ja nicht unser Eigentum, wir können nicht tun und lassen, was wir eigentlich wollen" (12).*

Die Unternehmen bemühen sich weiters, ihr eigenes Handeln kritisch zu reflektieren, in einem umfassenderen Rahmen zu sehen und dem Umweltgedanken einen höheren Stellenwert einzuräumen. So wird zum Beispiel in zunehmendem Maße das gesamte unternehmerische Handeln nach neuen *Qualitätsmaßstäben* betrachtet und beurteilt:

"Es gibt einen weltweiten Ansatz, wie man Qualität möglichst breit formuliert, Qualität in einer Formulierung, die nicht nur die Zuverlässigkeit eines Produkts oder die Güte dessen, was vom Fließband herunterkommt, bedeutet, sondern Qualität beginnend von der Konzeption der Produkte, der Entscheidung an der Firmenspitze, von der Ausgabe klarer Richtlinien bis hin zur Kundenzufriedenheit, Pünktlichkeit, Einhalten der Zusagen, Umfeld des Mitarbeiters und letztlich auch Beziehung mit der Außenwelt. Das ist ein sehr sehr globaler Qualitätsbegriff, den wir hier definieren...Er hat eigentlich mit der Qualität aller unser Aktivitäten zu tun und der Wechselwirkung mit dem, was uns umgibt, und das wird in der Industrie in den nächsten zehn, fünfzehn Jahren ganz allgemein an Bedeutung gewinnen, daß man in den Qualitätsbegriff auch die Umgebungsbedingungen, den Einfluß, den man auf die Umgebung hat, verstärkt einbezieht" (6).

Parallel zu der hier artikulierten Vorstellung einer verstärkten Berücksichtigung ökologischer Fragen in unternehmenspolitischen und -strategischen Entscheidungen wird ein *Wandel* in den Beziehungen zur betrieblichen Außenwelt wahrgenommen: die Unternehmen erkennen zunehmend selbstproduzierte umweltbelastende Faktoren und schließen sich in Umweltbelangen nicht mehr von der Außenwelt ab, sondern agieren mit einer *offenen und offensiven* Handlungsweise:

"Also mit anderen Worten, man muß sich schon den Kopf zerbrechen, wie steuert man hier entgegen, das heißt, wie bringt man das Gerät, mit dem man seine Brötchen verdient, soweit aus der Schußlinie, daß es in entsprechend adaptierter Form weiter existiert...sicherlich ist mit einem sturen Abblocken und Verteidigen, heldenhaft bis zum Endsieg, das ist kein abendfüllendes Programm, nicht - noch dazu, wo ja tatsächlich Probleme da sind" (16).

Es ist bereits darauf hingewiesen worden, daß die *Manager* - aus ihrer Sicht - bei diesem Prozeß der Ökologisierung unternehmerischen Handelns eine Vorreiter- und Vorantreiberrolle einnehmen. Sie sind jene Gruppe, die nicht nur dafür sorgt, daß der Umweltgedanke in den Leitbildern und Zielvorgaben der Unternehmen entsprechende Berücksichtigung findet, sondern sie sehen sich auch für dessen Implementierung in die betriebliche Alltagspraxis zuständig. Damit dies stattfinden kann, werden ökologische Belange nach *betriebswirtschaftlichen Rationalitätskriterien* definiert und betrachtet. Das bedeutet, daß Umweltprobleme, um in die betriebliche Praxis überhaupt Eingang finden zu können, nach bestimmten Gesichtspunkten wahrgenommen und interpretiert werden. Dazu gehören Zweck-Mittel-Kalkulationen, Plan- und Berechenbarkeitskalküle, Umsetzbarkeit und Finanzierbarkeit. Durch die Transformation von umweltbezogenen Anliegen in ökonomische Denk- und Handlungskategorien, die die betriebliche Lebenswelt wesentlich strukturieren und determinieren, wird die Umweltthematik für die Unternehmen erst anschlußfähig und damit für sie auch handhab-, steuer- und kontrollierbar. Der Vorgang des Übersetzens ökologischer Probleme in Kategorien der technischen Machbarkeit und ökonomischen Kosten-Nutzen-Abwägung stellt für die Manager die zentrale betriebliche Umgangsform mit Umweltfragen dar. Dies zeigt sich beispielsweise dann, wenn versucht wird, die Idee des Umweltschutzes in die unternehmerischen Zielvorgaben einzubetten. Die diesbezügliche Vorgangsweise des Managements erfolgt im allgemeinen in drei Schritten:

- *Problemstellung* (was für Sorgen hat der Mensch heute?)
- *Problemanalyse* (wie sind diese Sorgen technisch und finanziell lösbar?) und
- *Problemlösung* (wie sind die erarbeiteten Lösungen technisch und ökonomisch umsetzbar?).

Dazu ein Interviewausschnitt:

"Die ökologische Dimension, das hängen wir so an die Spitze und versuchen dann die Lösung zu finden. Wir sagen, okay, was hat der Mensch heute für Sorgen, versuchen dann - das ist die Problemanalyse - diese Sorgen intern und extern zu transportieren, wir sagen, was können wir dagegen tun, und nehmen die Sorgen relativ ernst, weil wir uns in die Zielrichtung bewegen, daß wir eben die Lösung dafür

präsentieren, wir müssen da irgendwo anfangen, visionär zu werden...das ist der zweite wesentliche Auftrag, eben Wohlbefinden für den Menschen zu erzeugen, also den Nutzen für den Menschen irgendwo einmal klarzustellen; und dann die Lösungen aus der Produktpalette, in vielfältiger Form und sehr kompliziert und so mit einem technischen Touch" (3).

3.4.2 Zukunftsvorstellungen

Welche Rolle wird der ökologischen Problematik für die zukünftige Entwicklung der Industrieunternehmen beigemessen, welche Zukunftsszenarien werden von den Managern gezeichnet?

Generell wird der ökologischen Dimension eine *zunehmende Bedeutung und Wichtigkeit* im unternehmerischen Denken und Handeln attestiert. Daß sich die Betriebe in Zukunft noch verstärkt mit Umweltfragen auseinandersetzen werden (müssen), hat aus der Sicht der Manager vor allem zwei Gründe: zum einen werde die steigende Sensibilisierung in Gesellschaft und Politik für Umweltangelegenheiten dazu führen, daß sich die ökologischen Anforderungen gegenüber der Industrie verschärfen werden; zum anderen haben die Unternehmen bereits den Schutz der Umwelt in ihr Leitbild aufgenommen, weshalb es in Zukunft vornehmlich um den gezielten Ausbau bzw. um die qualitative Umsetzung dieser Ziele gehen werde.

Die Aussagen der Befragten über die Bedeutung der Umweltproblematik für die *zukünftige Entwicklung der Unternehmen* konzentrieren sich zum einen auf den Zusammenhang von umweltpolitischen Vorgaben und einer sich verschärfenden, weltweiten Konkurrenzwirtschaft, zum anderen auf die einzelbetriebliche Ebene.

Die Rolle der *österreichischen Umweltgesetzgebung* wird zwiespältig wahrgenommen. Zum einen wird kritisiert, daß sich umweltpolitische Vorgaben, die für heimische Betriebe schon derzeit Überlebensprobleme mit sich bringen, nur unzureichend mit den ökonomischen Folgen, die sie hervorrufen, vereinbaren lassen. Die in Österreich bestehenden "strengen" Umweltschutzauflagen würden Kosten verursachen, die in immer stärkerem Maße allein der Industrie angelastet werden, weshalb die *internationale Konkurrenzfähigkeit der Unternehmen gefährdet* sei. Hier wird dringender Handlungsbedarf geortet, wobei von den Managern zwei Lösungsmöglichkeiten forciert werden:

- Österreich müsse danach trachten, in absehbarer Zukunft die derzeit bestehenden, vergleichsweise strengen Umweltschutzauflagen "*nach unten zu nivellieren*" bzw. "aufzuweichen", das heißt, aus ökonomischen Gründen die ökologische Vorreiterrolle aufzugeben:

"Ich glaube, oder ich hoffe ja doch, daß bei einem europäischen Wirtschaftsraum Österreich sich irgendwo an die internationalen Normen anhängen wird müssen, ja, denn es muß ja auch wer zahlen, wenn wir konkurrenzfähig bleiben wollen, dann dürfen wir uns natürlich nicht höhere Auflagen geben als die anderen haben, weil sonst haben wir überhaupt keine Chance. Es müßte sich dann in irgendeiner Form angleichen an die EG-Normen" (15).

- Wolle man in Österreich weiterhin an den strengen Umweltauflagen festhalten, so müsse die Politik dafür sorgen, daß in absehbarer Zeit entsprechende *internationale Abkommen* geschlossen werden, die für alle (weltweiten) Mitkonkurrenten verbindlich sind; erst dann seien die gleichen Marktbedingungen gegeben und somit die Wettbewerbsfähigkeit der österreichischen Betriebe sichergestellt.

"Wenn man also so Produktionen wie zum Beispiel Papierfabrik sieht, und dieses Unternehmen bekommt seitens der Behörde die Auflage, hier ihr Abwasserproblem zu lösen, dann ist die Situation derzeit so, daß die eingesetzten Mitteln einer Förderung unterliegen. Vor einiger Zeit sehr hoch gefördert - etwa 80% des Anlagewertes der Gestehungskosten wurden mit einem Kredit von, soviel ich weiß, 1% verzinst, das ist mehr oder weniger geschenktes Geld - aufgrund unseres

Staatsbudgets sind diese Förderungen rückläufig, also man versucht, das den Unternehmen alleine aufzulasten; das ist schwierig im Wettbewerb, wir erkennen das, weil es weltweit diesen Trend nicht gibt ... Also gut, da wird das Papier verarbeitet, unter allen Umweltschutzauflagen wäre natürlich sinnvoll - nur: das Produkt muß sich ja im Wettbewerb auch verkaufen können, nicht, in der freien Marktwirtschaft, und wenn es aber Länder gibt, wie Brasilien, Chile, Argentinien, Kanada, die einfach da nicht eingebunden sind - Kanada stellt seine Papierproduktionen einfach ans Meer und kann Zellstoff zu ganz anderen Weltmarktpreisen erzeugen; also so gesehen ist ein länderübergreifendes Übereinkommen einfach notwendig" (4).

Werden den Betrieben in Österreich hingegen weiterhin im Alleingang strenge Umweltvorschriften auferlegt, die einer Existenzgefährdung gleichkommen, drohe mittelfristig ein *Absiedeln* der Unternehmen in Länder mit weniger strengen Umweltgesetzen, damit ein Verlust von Arbeitsplätzen und insgesamt ein volkswirtschaftlicher Schaden:

"Wenn wir zum Beispiel eine Anlage bauen für X hier in X und mit diesen Leuten dann sprechen, dann kämpfen die mit den Umweltauflagen seitens der Behörden ganz gewaltig, und dann überlegen sie, sie verlagern ihre ganze Forschung und Produktion in Länder wie Indien, also dort geht es wieder zwanzig, fünfundzwanzig Jahre, bis die dann einmal so weit sind und sagen: der Umweltschutzgedanke gewinnt an Bedeutung" (4).

Entgegen dieser eher zukunftsskeptischen Sichtweise, die unter den Befragten vorherrscht, läßt sich zum anderen in den Interviews eine durchaus *optimistische* Perspektive hinsichtlich der Vereinbarkeit von umweltpolitischen Entscheidungen mit der zukünftigen ökonomischen Entwicklung erkennen. Danach wird im Trend zu verschärften Umweltgesetzen keine Existenzbedrohung der Unternehmen gesehen, denn die Vertreter der Industrie haben ein deutliches Mitspracherecht bei der Genese und Beschlußfassung umweltpolitischer Entscheidungen. Durch die Einbindung der Unternehmen in den politischen Prozeß werde (auch weiterhin) die Konkurrenzfähigkeit der österreichischen Betriebe gewährleistet:

"Und dann muß man auch dazu sagen, es kommen sicher keine gesetzlichen Auflagen, die die Firmen in den Ruin treiben. Es sitzen ja Vertreter drinnen, unsere Firma ist selbst in den Kommissionen dabei, die Gesetze werden ja nicht nur vom Staat gemacht, sondern schon gemeinsam mit den wichtigsten Industrievertretern abgesprochen" (2).

Aus der Sicht der Manager werden im Rahmen zukünftiger *Unternehmensaktivitäten* ökologische Aspekte immer mehr Bedeutung gewinnen. Gemäß dem derzeit schon bestehenden ökologischen Selbstverständnis werden - so die einhellige Meinung - die Betriebe *aktive Umweltpolitik* betreiben, wobei Kreativität und Ideenreichtum der Führungskräfte gefordert sein werden:

"Umweltfragen werden wichtiger, weil wir doch an die Kinder auch denken müssen, und dann, okay, wo gehen unsere Visionen hin, und wie wird der Arbeitsbereich in Zukunft ausschauen, oder was können wir überhaupt für Ziele noch erreichen...der Aufgabe muß man halt gerecht werden" (3).

Planung, Steuerung und Kosten-Nutzen-Abwägungen von ökologischen Maßnahmen werden künftig zu den zentralen Aufgaben des Managements zählen. Generell herrscht *Optimismus* vor, daß sich noch bestehende Umweltprobleme, die die industrielle Arbeitsweise mit sich bringe, in naher Zukunft beseitigen lassen. Dieses *Machbarkeits- bzw. Vorwärtsdenken* basiert auf dem Glauben an den technischen und wissenschaftlichen Fortschritt, der zum Beispiel im Produktionsbereich zu umweltentlastenden Lösungen führen werde:

"Die Chlorfreiheit, die natürlich unser Ziel ist, da wird also an dem geforscht, total chlorfreier Zellstoff, zeitliche Dimension: vier Jahre in etwa, ein weiteres Problem wird sich automatisch lösen mit dem Umstieg, also weg von der Chlorbleiche: Primärchlor wird also mit

Kesselwagen angeliefert, also auf der Schiene, und Gott behüte, wenn man denkt, daß es auch noch immer Unfälle auf der Bahn geben kann, das wäre eine mittlere Katastrophe, und der Waggon muß dann entladen werden, und das Anbringen von Schläuchen bis in die Tanks hinein, das ist sicher auch eine Geschichte, die aber dann automatisch wegfallen wird" (5).

Auch bei den Produkten sei man zuversichtlich. Die *Produktpolitik* der Unternehmen werde sich aufgrund technischer Innovationen in zunehmendem Maße an umweltverträglichen Standards und an der (immer umweltbewußteren) Nachfrage am Markt orientieren (können), sodaß bei der Herstellung, dem Gebrauch und der Entsorgung der Güter die Umwelt kaum bzw. überhaupt nicht zu Schaden kommen werde:

"Wir haben sehr konzentrierte Programme, den Benzinverbrauch noch weiter zu senken, wir haben den Bezinverbrauch bereits um 25% gesenkt. Ein großes Auto braucht heute so viel wie früher ein Kleinwagen, mit dem Katalysator noch dazu, wir überlegen uns auch, weiter kleinere Autos zu bauen, daher liegen wir mit unseren kleinen Fahrzeugen richtig. Wir spüren, daß es eine geringere Sozialverträglichkeit gibt bei den sehr großen Autos, also man wird dann sagen: muß der einen 500er Mercedes fahren, der mir drei Parkplätze wegnimmt, ist das notwendig? - auch das, was an Kapital da drinnen steckt: ist das notwendig? Also der Trend wird da sicherlich zu kleineren Fahrzeugen gehen, der Sättigungsgrad ist erreicht, wir werden insgesamt zu ganz anderen, neuen Verkehrskonzepten kommen müssen: daß man den Innenstadtbereich vom Auto mehr oder weniger befreit, daß man ein spezielles Innenstadtfahrzeug entwickeln wird" (12).

Insgesamt bleibt festzuhalten, daß den Managern *die zukünftige Entwicklung* der Umweltproblematik im betrieblichen Bereich als steuer- und damit letztlich bewältigbar erscheint. Mit Hilfe technisch-wissenschaftlicher Errungenschaften werden sich (noch bestehende) Umweltprobleme weitgehend in den

Griff bekommen lassen. Wesentlich skeptischer werden dagegen politische und weltmarktbezogene Entwicklungen gesehen, die auf die Unternehmen einwirken: auf sie lassen sich ökonomische Rationalitätskriterien und (technische) Machbarkeitsvorstellungen nicht so ohne weiteres anwenden. Für die Zukunft wird diesbezüglich die verstärkte Berücksichtigung einer strikt betriebswirtschaftlichen Perspektive eingefordert - im Zweifelsfall wird der Ökonomie gegenüber dem Umweltschutz der Vorrang gegeben.

4. Die private Lebenswelt

4.1 Soziale Situation und Familienleben

Ihre persönlichen Lebensbedingungen bzw. ihre Ansprüche werden von den Befragten selbst als eher moderat und vergleichsweise unauffällig beschrieben: nach eigenen Aussagen leben sie in durchschnittlichen Wohnungen in Stadtrandlage von Wien; ein Eigenheim besitzen nur wenige. Die meisten der Haushalte sind mit mehreren Autos ausgestattet; wenn Kinder mit Führerschein im Haushalt leben, bedeutet dies fast immer, daß entsprechend mehr Autos vorhanden sind. Häufig gehören eine Ferienwohnung und/oder ein Garten zum Haushalt. Viel genutzt werden letztere jedoch nicht.

Überhaupt sind die Möglichkeiten für Urlaub und Freizeit durchweg begrenzt; ist, so scheint es, auch die *Möglichkeit zur Teilhabe am Konsumleben begrenzt.* Zumindest ist das Interesse am Konsum auch eher mäßig ausgeprägt. Als Hobbies werden - wenn überhaupt Zeit bleibt - diverse Sportarten genannt, gelegentlich auch musische Interessen (Musik, Malen, Kultur). Sport wird gelegentlich - von den jüngeren Befragten - unter Leistungsaspekten betrieben und nimmt dann entsprechend mehr Zeit in Anspruch. - Ansonsten ist *freie Zeit* eine Zeit, die zum "Abschalten" benötigt wird, eine Zeit eher unstrukturierten "Entspannens":

> *"Ich habe einen kleinen Garten. Mir macht's Spaß, mich dort auf die Terrasse zu setzen oder ein paar Blümchen zu betrachten. Ich wohne wie gesagt am Stadtrand, ich habe also Glück, daß der Tennisplatz mitten im Wald ist, so gesehen ist das Natur, aber ich gehe nie spazieren im Wald, obwohl ich nur fünf Minuten zum Wald hätte, also die Zeit habe ich ganz einfach gar nicht, das klingt jetzt zwar dumm, aber, wenn man dann wirklich einmal ein paar Stunden in der Freizeit hat, dann lese ich oder schaue mir irgendwann einmal ein Tennismatch in Wimbledon an. Es ist, ich meine irgendwo traurig, daß man nimmermehr dazu kommt, daß die Zeit volldisponiert ist...Ja, leider schlafe*

ich auch relativ wenig und wenn man am Tag nur vier bis fünf Stunden schläft, immer spät nach Hause kommt und zeitig in der Früh wieder aufsteht, dann ist unter Umständen die Frage, gehe ich jetzt in den Wald oder lege ich mich eine Stunde nieder" (15).

Das Lebensalter der befragten Manager liegt zwischen ca. 35 und ca. 55. Entsprechend differiert die biografische Situation und die Haushaltsstruktur: verheiratet sind sie alle, die jüngeren Manager haben kleine Kinder, während die Kinder der älteren durchweg studieren oder berufstätig sind. Typisch für die von uns befragte Gruppe ist des weiteren, daß die Frauen weitgehend nicht berufstätig sind. Berufstätige Ehefrauen haben eher ältere Manager (bei denen keine Kinder mehr zu betreuen sind) und diejenigen, deren Frauen akademische bzw. "interessante" Berufe haben. Das *klassische Bild der bürgerlichen Kleinfamilie* mit der *Arbeitsteilung zwischen "breadwinner" und "caretaker"* gilt hier - in dieser Beziehung - noch. Sie ist die normative und faktische (Beziehungs-) Grundlage dieser Form von Manageridentität.

In der kognitiven (und vermutlich auch der emotionalen) Einschätzung spielt das Familienleben für die Manager daher eine große Rolle. Ein *funktionierender Familienzusammenhang* wird implizit und explizit als *Bedingung für eine Management-Karriere* genannt. Die Familie wird sogar noch höher bewertet als die berufliche Karriere - theoretisch. *Faktisch* hat jedoch der *Beruf Vorrang vor der Familie:*

"Das ist auch die Schizophrenie, wenn ich sage, die Familie steht an erster Stelle, und natürlich dann, ganz logisch an zweiter Stelle der Beruf - nur handeln und leben tue ich natürlich umgekehrt" (3).

Die beruflichen Anforderungen verlangen - und erhalten - unbedingte Zuwendung, d.h. in den meisten Fällen unbegrenztes zeitliches Zur-Verfügung-Stehen und in vielen Fällen hohe Mobilitätsbereitschaft. Der zeitliche Aufwand für den Beruf ist durchweg hoch. Zur 80-Stunden-Woche kommen noch zusätzliche Veranstaltungen am Wochenende usw. Ein Manager rechnet vor, daß er pro Jahr quasi drei Monate zusätzlich arbeitet (14).

Es ist von daher klar, daß ebenso wie die Möglichkeiten von Freizeitaktivitäten auch die zeitliche Präsenz, damit aber auch die soziale Präsenz in der Familie eingeschränkt ist. Das Familienleben der Manager ist diktiert vom Beruf. Dies wird von ihnen auch als Notwendigkeit akzeptiert: wer Karriere machen bzw. wer zu den Führungskräften gehören will, muß sich entsprechend einsetzen und an anderer Stelle - eben auch bei seiner Familie - Abstriche machen. Die *Führung des Haushalts wird dabei den Ehefrauen überlassen.* Anders wäre das Verhältnis von Beruf und Familie nicht auszubalancieren.

> *"Ich habe das also Gott sei Dank so lösen können, daß meine Frau Freude daran findet an dieser Haushaltstätigkeit, an dieser wichtigen, aus der ich dann eben auch Kraft geschöpft habe, daß ich also mich im Berufsleben so hingeben konnte" (3).*

Erkennbar ist, daß dies mit einer impliziten Aufgabe von "Führungsansprüchen" einhergeht. Keiner der Manager reklamiert für sich die Funktion eines "Haushaltsvorstands". Ausgegangen wird dabei allerdings von einem "Basiskonsens", auf dessen Grundlage dann jeder das seine tut (7).

Dieser Basiskonsens ergibt sich zum Teil daraus, daß unsere Befragten es ihren Frauen in vielen Bereichen überlassen, was wie getan wird. Frauen kaufen ein, was in diesem Fall auch heißt, daß sie die Übersicht und das Planungsmonopol besitzen. Die Manager selbst kaufen, wenn überhaupt, am Wochenende ein:

> *"Wir machen gemeinsam Wochenendeinkäufe, aber da geht's um die schweren Dinge, die also für eine Frau nicht zumutbar sind, von der Bierkiste über Mineralwasserkiste oder solche Dinge" (9).*

Eine Ausnahme: einer der Befragten, ein engagierter Radsportler, verbindet das Angenehme mit dem Nützlichen, indem er per Rad die Gärtnereien der Umgebung aufsucht und dort Gemüse einkauft. - Analoges gilt für einen großen Teil der Konsumgüter: erkennbar ist, daß beispielsweise in den meisten Fällen die Frauen Kleidung kaufen oder wesentlich bestimmen, welche gekauft wird - ablesbar etwa an Äußerungen wie:

> *"Also ich werde sicher kein Kunststoffhemd tragen, sondern ich trage ein Baumwollhemd. Aber bei einem Pullover schaut meine Frau drauf, daß ein gewisser Anteil Acryl oder was immer da reingehört, schon, wenn man ihn wäscht, daß er nicht eingeht" (4).*

Daraus ergibt sich auch, daß die Manager nur begrenzt Bescheid wissen über das, was sich im Haushalt abspielt. Viele ihrer Äußerungen sind Ausdruck von *"passivem", eingeschränktem Wissen:*

> *"Es würde also niemandem in meiner Familie einfallen, ein herkömmliches Abwaschmittel zu verwenden, da wird also dieses Seifenprodukt, ja, Namen kenne ich nicht, verwendet" (5).*

Daß es jedoch gültige diesbezügliche Normen gibt, ist ihnen bekannt. Das Zitat geht weiter:

> *"Das ist bereits soweit, wenn ich also jetzt unwissend das einkaufen würde, mit irgendwas anderem,...das würde abgelehnt werden in der Familie, und da würden also schon Diskussionen dann losgetreten werden" (5).*

Die Akzeptanz dieser Normen ist jedoch für die Manager selbst eine *ambivalente Thematik.* Sie stellen sie nicht prinzipiell in Frage. Aber sie haben doch erhebliche *Vorbehalte.* Bemühungen ihrer Frauen um eine "ökologische" Haushaltsführung werden zwar ausdrücklich anerkannt, aus einer in gewisser Hinsicht distanzierten Position jedoch verschiedentlich als unangemessen in Frage gestellt. Dazu zwei Interviewausschnitte:

> *"Meine Frau ist naiv umweltschutzbetont, weil zum Beispiel kauft sie Milch in Flaschen und schleppt sich ab, wobei es eine wissenschaftliche Untersuchung gibt, die sagt, daß eigentlich die Tetrapack*

das umweltfreundlichste ist...Meine Frau hat einmal überlegt, mit Seifenflocken zu waschen, da habe ich gesagt, sie soll nicht so blöd sein" (2).

"Meine Frau ist außerordentlich umweltbewußt, ab und zu diskutieren wir darüber, daß das nicht überzogen wird, insofern überzogen, daß ich mehr Energie ausgebe, um Energie einzusparen...Das ist eine Diskussion, die man mit Frauen ab und zu so zu führen hat" (12);

- was nichts an dem generellen Respekt bezüglich dieser Aktivitäten ändert.

Das *Verhältnis zu den Kindern* stellt sich ähnlich, aufgrund verschiedener Rollenerwartungen jedoch in einigen Hinsichten anders akzentuiert dar. Die beruflichen Zwänge reduzieren auch die Vater-Kind-Beziehung. Hier sind jedoch Schuldgefühle - zumindest gegenüber kleinen Kindern - häufiger:

"Ich bin sicherlich ein schlechter Familienvater, weil ich habe mich in letzter Zeit nur um die Karriere gekümmert...Von Montag bis Freitag gehe ich fast nie nach Hause, also spät am Abend...Am Wochenende mache ich jetzt wieder einen Kurs am Samstag" (2).

Es gibt jedoch auch Bemühungen, trotz knapper Zeit mit Kindern Gemeinsames zu unternehmen - etwa gemeinsame Radtouren (13). - In diesem Zusammenhang bemerkenswert sind jedoch vor allem die Beziehungen zu älteren Kindern, die in höherem Maß eine eigene psychosoziale Identität entwickelt haben und aus ihrer kognitiven und emotionalen Perspektive heraus die Welt selbständig - und oft anders als ihre Väter - beurteilen. Während sich das Verhältnis zu kleinen Kindern in Bezug auf das Thema Umwelt im wesentlichen auf das Beibringen von praktischen Regeln konzentriert, bringen größere Kinder strategische Vorstellungen und Normen ein. Dabei wird der Unterschied zwischen den Generationen deutlicher betont. Ein Unterschied, der immer wieder auftaucht, ist, daß die nächste Generation "radikaler" denkt - "die progressivsten und radikalsten sind natürlich die Jugendlichen" (9) -, anders denkt (4), stärkeren "Druck ausübt" (5). Sie importieren viele Ideen und Informationen (9), "forcieren" bestimmte (Umwelt-) Themen (4). Fast immer wird von den Managern in diesem Zusammenhang der Einfluß der Schule hervorgehoben:

"Kinder, die selber in irgendwelchen Projektunterrichten an Dingen mitgewirkt haben, Anlage eines Bioteichs hinter der Schule oder, oder ähnlichem, die bringen natürlich sehr viel neue Ideen ein und erziehen die Eltern" (9).

"Ich muß mir eher von meinen Kindern sagen lassen, also das ist jetzt umweltschädlich und das können wir nicht mehr machen oder können wir nicht mehr machen. Das ist sicher auch zurückzuführen auf die Lehrer und die Schule, und auf die ganze Einstimmung, die zu dem Thema jetzt in der Volksschule passiert" (5).

Auch hier zeigen die Manager ein *gewisses Maß an Distanz:* Sie empfinden vieles als unausgegoren und unrealistisch. Einiges wird gewissermaßen hingenommen - etwa wenn die Tochter glaubt, mit Umweltschutz-Toilettenpapier wirklich etwas für die Umwelt zu tun (4). An anderen Punkten wird eine kritische Position auch zum Ausdruck gebracht:

"Wir versuchen dann aus unserer Sicht, das Machbare ihnen klar zu machen, zu sagen, okay das geht, aber du darfst nicht außer Acht lassen, auch das Hinfahren zum Müllplatz ist eine Umweltbelastung" (9).

Gelegentlich wird der jugendliche Aktivismus nicht nur als idealistisch, sondern sogar als terroristisch angesehen. Ein Befragter berichtet:

"Ich habe also Freunde, die von ihren Kindern terrorisiert werden. Ich habe einen Freund, die haben in der Küche fünf Beutel hängen, ja, und wenn der also seinen Apfelbutz in den falschen wirft, dann hat er mit seinem Sohn schon erhebliche Schwierigkeiten" (15).

Es wird darüber hinaus auf den Widerspruch zwischen Bewußtsein und Praxis bei den Kindern hingewiesen.

"Ich habe zwei Söhne, die also aus der Schule her schon einen enormen Druck im Familienkreis auf umweltgerechtes Verhalten machen, wobei die Knaben sich das so vorstellen, wir bringen die Ideen und die Arbeit werden die Eltern dann machen, es ist nämlich sehr schwer, die Jugend zu umweltgerechtem Handeln, soweit es mit Arbeit verbunden ist, dann auch zu erziehen" (9) -

oder: die Eltern fragen: "Warum fährst du eigentlich net mit dem Radl?" - die Antwort: "Das ist so ein Riesenberg, den man wieder rauffahren muß" (9), sodaß die Kinder auch lieber mit dem Auto fahren. Oder:

"Seit kurzem werden bei uns die Joghurtbecher abgewaschen, auf Betreiben meiner Tochter. Sie hat zwar großspurig gesagt, sie entsorgt's, aber sie stapeln sich im WC und entsorgen tut's dann hie und da meine Frau" (4). -

Auch hier zeigt sich - anders akzentuiert - eine ähnliche *Ambivalenz gegenüber* der (durchwegs konstatierten) *stärkeren ökologischen Orientierung:* Es wird respektiert, daß die Kinder-Generation dieses Thema sich stärker zu eigen macht, es wird kritisiert, daß dies "irrationale" Züge hat und nicht wirklich konsequent ist.

Die Kinder stehen jedoch noch in einem weiteren Sinn für Veränderungen, die als ambivalent erlebt werden. Häufig tauchen in den Interviews Überlegungen zum Thema "Wertewandel" auf, die sich allgemein damit beschäftigen, insbesondere aber um die anders gearteten Orientierungen der Kinder und vor allem der Jugendlichen kreisen. Was den Managern auffällt, ist eine andere Einstellung zu Beruf, zum Geldverdienen und zum Konsum:

"Ich habe also festgestellt, daß die Jugend eine sehr entschiedene Meinung hat über Leistungsbewußtsein und Leben genießen, meine

Söhne sagen, wir wollen also gar nicht nur Geld verdienen, Geld verdienen ist nur solange reizvoll, solange ich auch von dem Verdienten was habe" (9).

"Ich habe ja eigentlich nur gearbeitet für so ein irgendein komisches Gerät ein Auto...Meine Kinder sagen eigentlich, ja, wenn ich da so verdiene fünfzehntausend Schilling, also, da muß ich ja blöd sein, wenn ich das für ein Auto ausgib; da borge ich mir das lieber von der Mutter oder von Dir einmal am Wochenende und sonst fahre ich mit der Straßenbahn und sag', na da fahre ich lieber irgendwo in Urlaub oder leg mich da so faul wo hin" (3).

Die Generation der Kinder wird als weniger bedingungslos arbeitsorientiert erlebt - mit einem gewissen Neid, aber auch mit Sorge. Für einige Manager sind auch die Wandlungen im Bereich Konsum besonders eindrucksvoll:

"Die Kinder sagen also, die Diesel-Jean, die kostet mich unvorstellbar viel Geld, der trägt die das ganze Jahr" (3) - "Der Sohn ist da eigentlich eher ein Konsummuffel grundsätzlich; er kauft nicht allzuviel, und wenn er was kauft, dann kauft er eher, eher langlebige Dinge" (8).

Diese Variante von "Wertewandel" - es wäre zu überlegen, ob es sich nicht eher um eine Form von statusgerechtem Konsum handelt - wird von den Managern respektiert. Sie liegt näher bei den von ihnen vertretenen Kategorien einer ökonomischen, gleichwohl qualitativ elaborierten Lebensführung.

4.2 Lebenspraxis und ökologische Haushaltsführung

Das Familienleben der Manager erscheint in ihren Darstellungen vergleichsweise konventionell, zeitlich erheblich eingeschränkt, es wird aber von ihnen hoch bewertet.

Die Teilhabe der Manager an der alltäglichen Lebenspraxis der Familie ist eher eingeschränkt; sie sehen sich dort nicht als dominierende Figur. Ihren Frauen räumen sie die zentrale Position der Haushaltsführung, ihren Kindern eine gewisse Avantgardefunktion ein - allerdings nicht ohne Vorbehalte, die jedoch nirgends als ernster Dissens dargestellt werden.

Es liegt auch auf der Hand, daß die Manager selbst an der praktischen Durchführung der alltäglichen Arbeiten nur beschränkt beteiligt sind, auch wenn sie sich durchweg interessiert und informiert zeigen. Bezüglich ökologischer Aspekte der Haushaltsführung werden von allen Befragten mehr oder weniger ausführlich folgende Themen angesprochen:

- Müll
- Ernährung
- Qualität der verwendeten Materialien
- Energieverbrauch (Schwerpunkt: Mobilitätskosten).

4.2.1 Müll

Als erstes Thema wird meist die *Müllentsorgung* genannt. Hier gilt Trennung und getrennte Entsorgung mehr oder weniger als selbstverständlich. Fast alle nennen an erster Stelle Glas, Papier und Altmetall. Ein Beispiel:

> *"Im Keller haben wir da schon unsere Tonnen stehen, wo wir Metall und Glas und Plastiksäcke und diese Dinge getrennt sammeln. Es wird bei uns sicherlich niemand mehr eine Flasche in den normalen Müll werfen" (11).*

Es wird deutlich, daß dabei die lokalen Gegebenheiten bzw. Angebote eine wichtige Rolle spielen, auch wenn der intrafamiliale Entscheidungsprozeß davon unabhängig ist:

"Begonnen hat es in unserer Nähe beim Konsum. Da wurde das erste Mal, wurden diese Getränkecontainer aufgestellt; das wurde sofort angenommen in unserer Familie und war natürlich umso einfacher, nachdem es auch bei uns im Haus aufgestellt wurde. Dann der nächste Schritt war Papier, also das wandert bei uns nicht mehr in den Müllschlucker, also sprich in einen normalen Container...Ja und der nächste Schritt war dann, das ist alles auch ausgehend von unseren Kindern, das waren die Batterien" (4).

Wo die Möglichkeit besteht, d.h. wo es einen Garten gibt und/oder Grünabfall-Tonnen aufgestellt werden, werden meist auch organische Abfälle getrennt. Unter den älteren Managern finden sich einige, die betonen, daß in ihrem Haushalt "schon immer" Müll vermieden, entsorgt und getrennt worden ist:

"Meine Mutter stammt von einem Bauernhaus ab, auch meine Frau stammt aus, von einer Landwirtschaft her, von dieser Seite war bei uns in der Familie schon immer relativ starker Bezug zur Natur gegeben. Wir haben immer selbst Hühner gehabt, daß die Kinder frische Eier hatten und die Küchenabfälle sind natürlich dann zu den Hühnern gewandert und meine Frau betreut heute noch einen Gemüsegarten. Das machen wir schon seit vielen, vielen Jahren so, auch, was das Verpackungsmaterial betrifft. Wir waren schon immer bemüht, das Verpackungsmaterial im Markt zu lassen und gar nicht mit nach Hause zu nehmen. Glassammeln zum Beispiel haben wir auch in der Form schon immer betrieben" (1).

In den meisten Fällen wird jedoch (wiederum von älteren Befragten) von *Entwicklungs- und Lernprozessen* berichtet.

"Es hat sicherlich lange Jahre gegeben, wo ich mich um Mist und Abfall überhaupt nicht gekümmert habe, wo es einfach nicht im Bewußtsein war, das. Wir haben also, diejenigen, die in den 50er und 60er Jahren aufgewachsen sind, haben eigentlich gelernt, zunächst

einmal mit dem neuen Überfluß zu leben und, egal ob das eine Konservendose war oder sonst irgendsowas, das einfach gottgegeben hinzunehmen, zu nutzen und wegzuschmeißen" (6).

Diese Veränderungen im (eigenen) Verhalten werden als qualitativ bedeutsam eingeschätzt: *"Wenn ich denke, wie das vor dreißig Jahren war, das war doch wirklich kein Vergleich, ich meine, Müll trennen, das macht man ja gerne"* (10). Es wird allerdings durchweg eine - entscheidende - Einschränkung gemacht: der Aufwand muß *"angemessen"* sein. Entsprechende Einschränkungen finden sich in fast jedem Interview: *"Soweit als irgendwie vertretbar versuchen wir in der Familie das halt zu tun"* (9). Das Problem sind dabei die mit dem Aufwand verbundenen "Opportunitätskosten": *"Prinzipiell ist man gern bereit, wenn man weiß, man tut der Umwelt was Gutes, auch auf einen Vorteil zu verzichten, aber der Vorteil darf halt nicht riesengroß sein"* (10). Bis zu einer "Teebeutelphilosophie" (3) - dem Entfernen der Klammern aus dem Teebeutel - reicht das Engagement bei keinem der Befragten. Die Grenzen zwischen vertretbarem und nichtvertretbarem Aufwand sind individuell verschieden bzw. werden verschieden definiert. Dabei spielen die praktischen Umstände eine Rolle. So wird beispielsweise Mülltrennung in einem Fall zu Hause praktiziert, im Ferienhaus bisher jedoch nicht, weil die entsprechende Infrastruktur fehlt (4). Im allgemeinen entscheidet man jeweils nach vergleichsweise arbiträren Kriterien, was man für vertretbar und für zu aufwendig hält.

"Wir haben einen Kompostkübel in der Küche und sammeln dort die organischen Küchenabfälle. Wir haben dann also unmittelbar auch. Glasrecyclingcontainer und für Metalldosen einen Container. Dies ist ein durchaus vertretbarer Aufwand. Ich schaue aber nicht auf den Aufwand. Wenn ich einkaufen gehe, nehme ich die Dosen einmal in der Woche wieder mit und gebe sie dort vor dem Supermarkt praktisch wieder ab. Ich habe ein-, zweimal probiert die Milchflaschen, das ist aber für mich also sehr ungünstig, weil ich da weit wegfahren muß wegen einem Liter Milch und da scheue ich ehrlich gesagt den Aufwand und kaufe die Milch in der Packung" (13). -

Durchgängig gilt, daß die Befragten einer spezifischen Pragmatik den Vorrang geben. Diesbezügliche Entscheidungen werden deshalb meist auch auf die *Rationalität der Lebenspraxis* bezogen und *sachlogisch* begründet:

"Ich bin leidenschaftslos, also das ist für mich kein Credo, die Entsorgung der Abfälle, wenn es eine vernünftige Verwertung gibt, würde ich durchaus begrüßen, daß man sich entsprechende Sachen einfallen läßt" (15).

Dabei ergeben sich Bedenken, die sich unmittelbar auf die Funktionalität des Geschehens beziehen *("Manchmal aus meiner Sicht etwas übertrieben, wenn ich da denke an die Schulhefte mit Umweltschutzpapier im geometrischen Zeichnen oder was, wo man sich wirklich schwertut auf dem Papier" - 11).* Aber die Konnotationen sind doch allgemeinerer Art und lassen erkennen, daß es um Grundsätzlicheres geht: *"Manchmal treibt man ja auch den Teufel mit dem Beelzebub aus" (8).* Oder: *"Man müßte auch da irgendwo mit der Kirche im Dorf bleiben" (15).* In diesem Konzept der "angemessenen" Müllentsorgung schwingt ein Stück Abgrenzung gegen eine als übertrieben oder gar als Zumutung erlebte Haltung mit:

> *"Ich bin auch, wenn man jetzt von Altbatterien oder so Zeug absieht, nur bereit ein Papier gesondert, oder Glas, ja, aber alles andere halt ich also persönlich noch nicht für sehr zielführend, daß man sich da mit sieben Abfalleimer abquält" (15).*

Hier wird *Unmut* deutlich; ein Unmut, der oft in allgemeinere Überlegungen eingebunden und daraus begründet wird. Beispielhaft dafür ist die immer wieder erwähnte (und bereits zitierte) Flasche, bei dem der wirkliche ökologische Nutzen in Zweifel gezogen wird. Dieses Argument taucht auch in einer Art *"ökologischer Grenznutzen"*-Variante auf:

> *"Wenn man z.B. die Großindustrie hört, die also echt Probleme hat, einen Glascontainer, der irgendwo im Waldviertel anfällt, wirklich sinnvoll von dort zur nächsten Verwertung zu führen, na die sagen ganz einfach um Gottes Willen, das kostet uns soviel Geld, wenn die*

Leute das Glas dort in den allgemeinen Müll hineinschmeissen, ja, wäre der Wirtschaft in Österreich viel mehr gedient als wenn da einer mit einem Auto hinfahrt und den Container holt" (15).

Prinzipiell ist dieser Typ der Argumentation jedoch generalisierbar und auf jedes Thema übertragbar - und taucht entsprechend auch überall dort auf, wo die eigenen Grenzen des "Vertretbaren" eng gezogen werden. Beispielsweise in der Form des Vergleichs vom Mißverhältnis individueller Einsparungen zum institutionellen "Großverbrauch":

"Okay, wenn ich in der Früh dusche, bin ich so in Eile, daß ich, wenn ich mich zwischendurch einseife, das Wasser nicht abdrehe, lasse ich das Wasser weiterrinnen. Wenn die Industrie täglich Billionen von Litern Wasser für sinnloses Bodenabschwemmen usw. da vergeudet, da muß ich sagen, wenn ich jetzt den Wasserhahn immer sofort abdrehe, habe ich eigentlich nichts Effizientes dazu beigetragen" (2).

Im Vergleich zu den "Billionen von Litern" ist das Duschwasser zwangsläufig eine völlig zu vernachlässigende Größe, die nicht der Diskussion, geschweige denn der Aktion wert ist.

Es gibt noch eine ganz andere Ebene, auf der sich Vorbehalte gegen Mülltrennung äußern. Anders als beim Rekurs auf pragmatische Unangemessenheiten oder dem Vergleich individueller Möglichkeiten mit makrosozialen Größenordnungen wird hier nicht die Praktikabilität oder die Sinnhaftigkeit angezweifelt, sondern der *Verdacht* geäußert, daß diesbezügliche *Aktivitäten wirkungslos sind*, weil sie in Wahrheit nicht genutzt werden oder gar nicht nutzbar sind - etwa, wenn vermutet wird, die Trennung von Papiersorten sei Unfug, *"denn es wird doch wieder alles zusammengeschmissen"* (12). Oder, wenn im Anschluß an die Erläuterung der intrafamilialen Mülltrennung gefragt wird, *"ob's nachher dann auch wirklich so getrennt weiterverarbeitet wird"* (11). Diese Einwände werden eher vorsichtig, gelegentlich scherzhaft geäußert. Von dieser Skepsis ist es nicht mehr weit bis zu dem *Verdacht*, im wesentlichen handle es sich dabei um *Alibiaktivitäten*, die anderen Zwecken dienen:

> *"Wenn ich jetzt mit fünf Leuten zusammensitze und ich versuche ihnen da meine Philosophie irgendwie einzureden, daß sie eben politisch aktiver werden müssen, kann ich sicherlich viel mehr bewirken, als wenn ich den Wasserhahn abdrehe, wenn ich mich kurz einseife. Aber es ist dann so, die Leute sind auch falsch. Ich wasche mit Seifenflocken, ja, und ich bin völlig zufrieden und baue mir so meine eigene Glaskuppel auf, also ich bin grün, bin super, und daneben schaue ich zu, wie da die Welt untergeht oder die Leute einfach tonnenweise den Dreck in die Luft blasen" (2).*

Es ist deutlich, daß in der Gruppe der Befragten über weite Strecken *"Mülltrennung" für wichtig und richtig gehalten* wird, daß jedoch ein - individuell variierendes - *"richtiges Maß"* verlangt wird; daß "zu weit gehende" Positionen abgelehnt werden und in verschiedenen Formen (oder auch indirekt) Kritik und Skepsis geäußert wird, in der sich auch ein erhebliches Ausmaß an Distanz ausdrückt.

4.2.2 Materialien im Haushalt

Mutatis mutandis gilt dies auch für das Thema der im Haushalt verwendeten Materialien. Auch in dieser Hinsicht wird generell geäußert, daß man wesentlich bewußter auf Umweltverträglichkeit achte und bei der Anschaffung bzw. bei der Ersetzung von Haushaltsgegenständen und Einrichtungen sowie bei der Verwendung von Materialien des täglichen Gebrauchs entsprechende Kriterien anwende.

Erwähnt werden dabei an erster Stelle meist *Wasch- und Putzmittel*. Aus dem bisher Zitierten geht bereits hervor, daß sich die Manager selbst nicht so genau auskennen, aber sicher davon ausgehen, daß Mittel verwendet werden, die möglichst wenig umweltbelastend sind. *"Niemandem in meiner Familie würde es einfallen, ein herkömmliches Waschmittel zu verwenden"* (5). Das eigene Wissen um den genauen Stand der Dinge ist eher gering, es wird eher vage über "Seifenprodukte", "Seifenflocken" u.ä. spekuliert. Die Ausnahme bilden auch hier diejenigen, deren Haushalt *"schon immer"* in dieser Hinsicht ökologisch (wenn auch nicht unmittelbar aus ökologischen Gründen) war. Fast immer finden sich jedoch *Hinweise auf objektive Notwendigkeiten und daraus resultierende Zwänge:*

> *"Schauen Sie, mit der Hand waschen und so - die Zeit ist vorbei...In der Waschmaschine brauchen Sie ein Waschmittel" (7).*

Und es wird auch damit argumentiert, daß mögliche Alternativen in jeder Hinsicht zu aufwendig sind:

> *"Sie müssen weiß Gott wohin fahren und sich z.B. diese Molkemittel oder weiß ich besorgen, soweit ist es bei uns im Haushalt nicht; es wird schon geschaut, eher das phosphatfreie als wie das andere und so, das ja, aber dann hört es sich auf" (7).*

Analoges gilt für die Verwendung von *"natürlichen" Materialien.* Die Verwendung von "Naturfasern" bei Kleidung wird häufig als selbstverständliche Praxis angesprochen - stets versehen mit der Ergänzung, daß ein gewisser Anteil an chemischen Fasern aus praktischen Gründen erforderlich sei. Angesprochen wird auch das Thema Holz. Bevorzugt wird *"Vollholz oder wirklich Naturholz gegenüber diesen Platten und so"* (7). In diesem Zusammenhang werden Fragen der Neumöblierung anders behandelt:

> *"Wir sind dabei, uns jetzt gerade ein neue Küche...als Ersatzinvestition anzuschaffen und da gibt es absolut die Überlegungen, die vielleicht vor zwei Jahren im eigenen Bereich noch gar keine gewesen wären, da hatten wir eben geschaut, na, was kostet das, wie...benutzerfreundlich ist es, aber nicht wie umweltfreundlich ist es. Die ganze Spanplattendiskussion und all das hat schon Wirkung gezeigt. Und da bin ich auch soweit, daß ich das gar nicht mehr kaufen würde" (5).*

Es gibt jedoch auch hier *skeptische Kommentare.* Beispielsweise wird darauf verwiesen, daß mit der Verwendung von Holz Folgeprobleme verbunden sind (wobei hier andere als ökologische Gründe für die Anschaffung von Holzmöbeln genannt werden):

> *"Ich hätte gerne aus optischen Gründen und weil es einfach besser in einen Garten paßt, Holzmöbel; das ist aber äußerst unwirtschaftlich. Erstens sind sie weitaus teurer, und zweitens müssen Sie sich immer wieder einlassen mit Umweltgiften, weil sonst funktioniert es ja nicht" (4).*

Das in diesem Zusammenhang angesprochene *Thema "Chemie"* wird auf verschiedenen Ebenen behandelt. Einig ist man sich darüber, daß auf unnötige und/oder gefährliche Produkte verzichtet werden muß. Am homogensten sind die Aussagen zu Themen wie "Treibgas", bei denen es im praktischen Gebrauch Alternativen gibt. *"Treibgas, diese Dinge gibt's schon längere Zeit nicht mehr bei uns"* (11). Es wird gelegentlich auch hervorgehoben, daß entsprechende Anregungen sofort (und früh) aufgegriffen wurden:

> *"Ich habe also eigentlich zu einer Zeit, wo das noch niemand gewußt hat, da hat man in Spezialdrogerien gehen müssen, da war es noch nicht richtig im Handel, hat mein Sohn zu mir gesagt, du bitte, da gibt's was ohne Treibgas, und das ist ein Wahnsinn und das kannst nicht verwenden, und ich sage, na wo gibt's das und er sagt, ich treibe dir sowas auf, hat mir das verschafft, und ich habe von dem Zeitpunkt dann mir nur mehr solche gekauft" (10).*

Auch im Garten wird weitgehend auf Gifte und Kunstdünger verzichtet.

> *"Im Garten verwenden wir zur Ungezieferbekämpfung diese, wie heißen die geschwind, diese Produkte, die natürlichen" (8). "Ich versuche also, den Maulwurf nicht zu vergiften, sondern mit andern tauglichen Mitteln zu bekämpfen" (4). "Ich gehe heute mit ganz anderen Augen an die Gartenarbeit heran als ich damals getan habe,*

ich verwende kaum mehr Rasendünger, ich verwende überhaupt keine oder fast keine Spritzmittel mehr" (9).

Auch hier gibt es jedoch deutliche *Abgrenzungen gegen "übertriebene" Aktivitäten:*

"Ich habe zwar auch Versuche in Richtung Biobau gemacht mit Brennesselsud, bin aber draufgekommen, daß das erstens nichts nützt und zweitens fürchterlich stinkt, also mache ich jetzt überhaupt nichts mehr in diese Richtung" (9).

Noch ausgeprägter wird der *Zweck-Mittel-Konflikt,* wenn es um die Verwendung chemischer Mittel in Bereichen geht, die nicht wie der Garten als vergleichsweise kontingent angesehen werden. Das betrifft etwa die Frage, welche Farben verwendet werden:

"...Lacke, Holzschutzmittel, an einem Haus muß man halt alle paar Jahre irgendwelche Holzteile nachimprägnieren, früher hat man halt einmal etwas genommen, was möglichst lang in der Wirkung angehalten hat, das waren meistens die giftigsten Sachen, heute versucht man also eher ein mildes Mittel zu nehmen, das entweder weniger giftig oder gar nicht, als weniger giftig angepriesen wird und das zu verwenden und streicht halt statt, weiß ich, alle zwei Jahre alle drei Jahre die Sachen nach" (9).

Andere sehen hier keine Kompromißmöglichkeiten. Der bereits weiter oben zitierte Befragte, der auf die Notwendigkeit von (giftiger) Pflege von Holzmöbeln verweist, führt weiter aus: *"Die besten Mitteln sind nun einmal giftig, so einfach ist es, nicht. Die jetzigen Mittel sind so Kompromißlösungen, die sind trotzdem nicht gut" (4).* Seine Konsequenz:

"Also werden wir keine Holzmöbel haben, im Garten, sondern wir werden Plastik haben, wenn man es so nennen darf. Die sind witterungsbeständig, verfärben sich nicht, sind hitzeunempfindlich, sind

kälteunempfindlich, und man kann sie mit dem Schlauch abwaschen" (4).

Das Thema Chemie weckt ähnliche Assoziationen wie das Thema Müll. Auch hier wird prinzipiell *in Frage gestellt, ob der Umgang mit Chemie nicht auf gänzlich falschen Prämissen und Einschätzungen basiert* und/oder *ob der offiziellen Realität zu trauen ist.* Ersteres bezieht sich auf eine - wiederum als "übertrieben" bzw. als unvernünftig erlebte - Abneigung gegen "Chemie" schlechthin.

Auch hier zeigt sich, daß bestimmte Positionen, die gegenwärtig dem "grünen Spektrum" zugeordnet werden, seitens der Manager als irrational kritisiert werden. Eine andere Qualität haben Einwände, die sich auf die Verläßlichkeit bzw. die Verfügbarkeit von Informationen beziehen. Zum einen wird hervorgehoben, daß es unmöglich sei, wirklich rational zu entscheiden, weil das Niveau vollständiger Information nicht erreichbar sei:

"Hier ist eine gewisse Informationsproblematik gegeben, man hat einfach net die Möglichkeit beim Einkaufen sich da eine Viertelstunde vor das Regal zu stellen und von sieben Produkten das Kleingedruckte auf der Rückseite herunter zu lesen" (9).

Einschlägige Entscheidungen sind dann von Kenntnissen über die genauen Verhältnisse abhängig, von Kenntnissen, deren Erwerb zu aufwendig ist. "Hilfsmaßnahmen" sind nur begrenzt verläßlich: *"Man versucht's über gewisse Werbehinweise, die natürlich auch mit Fragezeichen zu versehen sind"* (9). - Von da aus bis zu dem Verdacht, daß es in wesentlichen Punkten nicht mit rechten Dingen zugeht, daß manipuliert und gelogen wird, ist es nicht mehr weit:

"Es gibt sicher Umweltschutzpapier, aber es gibt auch Papierfabriken, die weißes Klopapier wieder grau einfärben und sagen, das ist Umweltschutzpapier. Was da, z.B. bei der Waschmittelreklame, passiert, äh, das geht in den Bereich der Unglaubwürdigkeit, was da zusam-

mengelogen wird - biologisch voll abbaubar und so Sachen -, das stimmt einfach nicht, das stimmt einfach nicht" (4).

Hier wird nicht nur *beträchtliches Mißtrauen* deutlich - offenkundig wird den Kollegen von anderen Industriezweigen einiges zugetraut; es wird auch erkennbar, welche *große Bedeutung der Kontrollierbarkeit* von Zusammenhängen beigemessen wird. Und während im eigenen Entsorgungsbereich noch davon ausgegangen wird, daß die Verhältnisse so sind, wie sie sich darstellen, erscheinen die Materialien des täglichen Bedarfs problematisch, da die Kontrollmöglichkeiten nicht ausreichen: hier fängt bereits die Zone des Unsicheren und letztlich Verdächtigen an.

4.2.3 Gesundheit und Ernährung

Das Thema Chemie wird - wie im vorherigen Abschnitt dargestellt - nach zwei Seiten kritisch gesehen: man grenzt sich ab gegen "übertriebene" Chemie-Kritik, macht sich jedoch die Vorbehalte gegen den Einsatz chemischer Stoffe (sowie gegen täuschende Informationspolitik) durchaus zu eigen. Vor allem, wenn es um Gesundheit und Ernährung geht, wenn man so will: wenn es um größere Körpernähe (und, wie noch deutlich wird, die Identitätsnähe) geht, werden entsprechende Informationen ernster genommen, nehmen Vorbehalte zu. Mehrere der Befragten äußern, daß sie bzw. ihre Familie auf Chemie empfindlich reagieren:

"Von den Kindern, auch...die Gattin ja, hat sicher auch, ich weiß nicht, inwieweit das eine Rolle spielt, wir sind alle ein bißchen mit, mit leichten Allergien belegt, das spielt dann natürlich doch mit und bekanntlicherweise gibt es heute sehr wohl Produkte, ob das jetzt ein Hautpflegemittel ist oder eben das berühmte Abwaschmittel oder auch Waschmittel überhaupt, die man also in die Waschmaschine verwendet, die also bei weitem für jene, die da ein bißchen empfindlich sind, verträglicher sind als das superscharfe, superweiße xy-Produkt" (5).

Diese Vorsicht hat verschiedene Dimensionen. Zunächst geht es in diesem Zusammenhang um *gesundheitliche Sorge und Vorsorge.* Vor allem diejenigen, die gesundheitliche Krisen erlebt haben, messen diesem Aspekt große Bedeutung zu:

> *"Das ist eine ganz entscheidende Sache, was Gesundheit betrifft...Wir sind schon immer gezwungen gewesen, ziemlich vernünftig zu leben, was vor allem die Ernährung betrifft" (1).*

Explizite Begründungen dieser Art finden sich eher im Zusammenhang mit schweren Krankheiten bzw. Unfällen, die die Befragten selbst oder nahe Angehörige erlebt haben. Eine andere Position, von der aus *sorgfältige Ernährung* besonders beachtet wird, ist die leistungssportlicher Orientierung:

> *"Da spielt einfach die gesunde Ernährung eine ganz wesentliche Rolle. Sonst kann man also diese Sportart nicht auf dem Niveau betreiben ...Wir versuchen also fettarm uns zu ernähren, dann wenig Fleisch, nicht fleischlos, aber wenig Fleisch, vielleicht ein-, zweimal in der Woche maximal Fleisch, meistens nur am Wochenende einmal...Sehr viel frisches Gemüse, Salat, vor allem im Sommer esse ich sehr viele Salate...Ich kaufe die Tomaten selbst bei den umliegenden Gärtnern" (13).*

Diese sportliche Ernährungsphilosophie enthält in nuce das typische Bild, welches die Manager entwerfen. Mit Ernährung beschäftigen sich fast alle Befragten. Selbst da, wo das Interesse an den bisher genannten Themen eher mäßig ist, findet sich hier mehr Interesse, mehr Aufmerksamkeit. Regelmäßig wird berichtet, daß auf die *Frische der Lebensmittel* besonders geachtet wird: Obst und Gemüse stehen auf jedem Ernährungsplan; auch von Vollkorn-Produkten, sogar von Vollwerternährung (Getreidebrei, Naturreis) ist gelegentlich die Rede. Auch über den Fleischkonsum ist man sich einig: er sollte sich in Grenzen halten; das Fleisch muß frisch und qualitativ gut sein.

Allerdings werden auch (oder selbst) hier strukturell ähnliche Vorbehalte bzw. Einschränkungen geäußert. Zunächst bemühen sich die meisten sofort zu betonen, daß sie *keine rigide ernährungspolitische "Linie"* verfolgen. Das wird gelegentlich mit Indifferenz bzw. Inkonsequenz begründet:

> *"Wir reduzieren Fleisch, ja, wir forcieren Gemüse, wir forcieren Vollkorngebäck, ja; wir haben allerdings keine Mühle zu Hause, wir sind kein Körnerhaus-, in dem Sinne kein grüner Haushalt" (14).*

Meist geht es jedoch auch darum, sich *gegen* jeden Eindruck von *Fundamentalismus abzugrenzen.*

> *"Mit zunehmendem Alter lebt man ein bißchen ernährungsbewußter. Der Fleischkonsum wurde doch sehr deutlich reduziert...Richtig auf der fanatischen Welle, das halte ich für völlig verkehrt, in einer vernünftigen Dosierung, in einer vernünftigen Art und Weise" (12).*

Auch hier werden *"übertriebene" Aktivitäten als unsinnig oder gar schädlich eingestuft.* Letztlich wird davon ausgegangen, daß es genügt, sich einigermaßen zurückhaltend zu ernähren. Dann erübrigen sich weitere Vorsorgemaßnahmen (und damit auch weitere ernährungspolitische Überlegungen):

> *"Wir sind keine Raucher. Ich bin keiner, der unmäßig ißt und trinkt. Man ißt halt immer einmal, wenn das einem Spaß macht oder trinkt dann einmal was, ohne da jetzt gezielt zu fragen, was nehme ich da jetzt wirklich zu mir, soweit bin ich immer Optimist, vergiften werde ich mich schon nicht" (15).*

Aus dieser Sicht ist manches, was einschlägig diskutiert wird, unnötig, unsinnig bzw. im Effekt "lebensfeindlich":

> *"Ich bin jedes Jahr Pilze sammeln gegangen...ich bin auch gegangen nach Tschernobyl und habe die Pilze auch gegessen, weil diese blöde Rätselraterei, also die in Niederösterreich sind schon in Ordnung und*

die in Oberösterreich nicht...das muß einem die Freude des Lebens nehmen, weil wenn ich dauernd mit dem Geigerzähler jetzt das alles kontrollieren müßte und dann habe ich vielleicht den Pilz nicht gegessen, aber gerade einen Spinat aus einer Gegend erwischt damals, der verstrahlt war, da muß ich sagen, was soll's, ich meine, das Leben soll einem Spaß machen, sonst empfinde ich es nicht als lebenswert" (15).

Hier wird ein Kontext hergestellt, in dem einerseits singuläre Informationen systematisch nicht kontrollierbar oder auch nicht verläßlich sind, in dem andererseits mit Blick auf vitale Bedürfnisse konstatiert wird, daß in diesem (minimalen) Risikobereich der Aufwand im Verhältnis zum Effekt zu groß ist. - Hier wird also weitgehende Distanz demonstriert.

Es zeigt sich von der Struktur der Argumentation her eine (letztlich nicht überraschende) Ähnlichkeit zum Thema Müll: eine relative, in gewisser Weise spezifische Akzeptanz mit etlichen Fragezeichen. Bei der Ernährung kommen jedoch noch zwei Momente hinzu, die mit dem Thema Müll nicht konnotiert sind. Das eine ist die besondere *Betonung der Qualität.* Einer der Befragten, die größeren Wert auf "gesunde Ernährung" legen, führt aus:

"Natürlich hat sich hier wahnsinnig viel geändert...Das fängt an von der Brotauswahl, wo man früher halt einfach ein Brot genommen hat, das gut schmeckt und nun schaut man halt, was drauf steht, was ist drinnen, wie grob sind die Körner, möglichst halt ganze Sonnenblumenkerne, also wo man die Inhaltsstoffe zum Teil mit freiem Auge noch identifizieren kann. Es wird sicher viel weniger Fleisch gegessen als früher, es wird halt immer wieder hinterfragt, was ist gesünder, also mehr Gemüse, mehr Kohlenhydrate, weniger tierisches Eiweiß. Das geht halt soweit, daß man sich überlegt, ist im Joghurt links- oder rechtsdrehende Milchsäure und ähnliche Dinge...Das würde ich aber nicht aufs Umweltbewußtsein zurückführen. Es ist sicherlich auch ein gewisser Qualitätsanspruch damit verbunden" (9).

Dieser Hinweis auf Qualität hat in diesem Zusammenhang zwei Aspekte: zum einen reduziert er die "ökologische" Belastung des Themas Ernährung, zum anderen zeigt sich, daß das Thema Ökologie u.U. erst im Windschatten von Qualitätsansprüchen realisiert wird.

Es wäre dann eher die Lebensqualität, die dazu führt, daß der Zustand der Lebensmittel (und damit auch der Prozeß ihrer Herstellung und Verarbeitung) bedacht wird. - Für Manager steht hier jedoch noch ein weiterer Aspekt zur Diskussion, der (so) für andere Berufsgruppen nicht oder weniger Bedeutung hat: die Frage nach der *Verbindung von beruflichem Status, Berufspraxis und Essen.* Bekanntlich gehören zu den höheren Positionen der Wirtschaft gewisse Formen der Repräsentation sowie die Institution "Arbeitsessen". Wir haben diejenigen, die sich ausführlicher zum Thema Essen und Ökologie äußerten, danach gefragt, ob sie zwischen ihrer persönlichen Ernährungsweise und den entsprechenden Anforderungen Widersprüche sehen bzw. Konflikte erleben. In der Tat erwies sich dieser Punkt als problematisch und zwingt zu entsprechenden Bewältigungsstrategien. Eine Möglichkeit ist eine Art doppelte Loyalität. Einer der Befragten, der privat sehr genau auf die Ernährung achtet, sagt:

> *"Ich bin natürlich auch beruflich oft gezwungen, mit Leuten in Restaurants zu gehen und da vorbildlich von der Suppe bis zur dritten Nachspeise alles zu essen, man kann ja als Gastgeber nicht ausscheren" (1).*

Er "kompensiert" dies gewissermaßen durch private Anwendung von Trennkost u.ä. - Andere können diesen Widerspruch nicht so auflösen und erleben den Anpassungsdruck stärker:

> *"Speziell im Management muß man irrsinnig aufpassen, Sie sind also der Repräsentation ausgeliefert, und Sie sind irrsinnig unsympathisch, wenn Sie Körnerfutter essen und Mineral...Es sind ja im Management immer die ersten fünf Minuten entscheidend, für Sympathie...Und jetzt gehen Sie mit einem auf ein Arbeitsessen und das erste, was Sie*

bestellen, Sie fragen: wollen Sie einen Aperitif? und er sagt, ja, okay, einen Schnaps, und Sie ein Mineral...- das geht nicht" (3).

Auf die Frage, wie man damit zurechtkommt, antwortet dieser Befragte:

"Mit Schwindeleien, nicht. Indem man sagt, okay, man ist krank, es tut einem leid, oder man ist gerade halt in einer Abnehmephase, oder man fühlt sich nicht wohl; eigentlich mit Schwindeleien; also, ganz ehrlich kann man nicht unsympathisch sein. Und jetzt kann man sagen,...ich fühle mich momentan nicht wohl, und das kann einen sympathisch machen" (3).

Anders sieht die Sache aus, wenn sich die Beziehung intensiviert. Dann ist ein Abweichen von der (unterstellten) Norm eher möglich:

"Es ist halt schlimm, wenn sie jetzt mit dem zehnmal Essen gehen, und immer Mineral, dann sagt er, das ist der Omelett-Esser und Mineral-Trinker, nicht, also okay, mach doch, es gibt schon ein Verständnis heute eher dafür" (3).

Damit ist die dritte Möglichkeit des Umgangs mit diesem Konflikt angesprochen. Einer der Befragten, der intensiv Sport betreibt und dabei besonders auf entsprechende Ernährung achtet:

"Man kann da zwei Gruppen unterscheiden, eine Gruppe, die in etwa so denkt, aber eine andere, die das durchaus honoriert und eigentlich mit einer gewissen Hochachtung und mit einer gewissen Ehrfurcht betrachtet. Vor allem über meine Sportart, übers Laufen habe ich jetzt mit sehr vielen Kollegen gesprochen, die dann irgendwie so eine Marathonleistung bewundern. Ich glaube, je länger man sich kennt und je häufiger man zusammen ist, desto geachteter und geschätzter wird dieses Verhalten" (13).

Er unterscheidet also zwei verschiedene Gruppen und orientiert sich mehr an der, die für seine eigene Orientierung ansprechbar ist. Und es scheint, als spielt hierbei auch eine Rolle, daß die *besondere Form der Ernährung nicht mit ökologischen Prinzipien,* sondern mit (sportlicher) *Leistungsorientierung begründet wird.*

Am - von den Befragten sehr ernst genommenen - Thema "Ernährung" zeigt sich, daß neben der Pragmatik der Lebensführung auch die Dimension der Lebensqualität (die in spezifischer Weise mit Vorstellungen über Disziplin und Diätetik korrespondieren) eine Referenz für ökologische Orientierungen gibt. Auch die Lebensqualität wird ihr vorangestellt, wobei sich hier häufiger gleichsinnige Perspektiven aus beidem ergeben.

4.2.4 Mobilität

Essen müssen alle, Autofahren auch. So jedenfalls stellt sich, knapp zusammengefaßt, die Frage nach Mobilität und Verkehrsmittel für die von uns befragten Manager dar. Es werden durchwegs *berufliche Gründe* genannt, die die *Benutzung eines Autos* unabweisbar nahelegen. Genauer gesagt sind es der Weg zum und vom Arbeitsplatz und die Erfordernisse kurzfristiger beruflicher Aktivitäten, die das Auto zum Verkehrsmittel der Wahl werden lassen.

> *"Ich brauche das Auto beruflich. Ich könnte natürlich jeden Tag entscheiden, bleibe ich heute in der Firma, dann fahre ich mit öffentlichen Verkehrsmitteln; und wenn ich überraschend einen Temin habe, kann ich immer noch mit dem Taxi fahren, aber wenn mir jemand erklärt, wie ich hierher komme, halbwegs wirtschaftlich, dann mach ich das. Da ich ungefähr eine sechzig-Stunden-Woche habe beruflich, bin ich einfach nicht bereit, noch zusätzlich ungefähr, ich würde schätzen 1 1/4 Stunde für eine Fahrt, zu investieren für eine Fahrt, zu investieren - wenn die Südosttangente nicht verstopft ist" (4).*

Bei diesen Relationen gibt es für die meisten keine Alternative. Es gibt allerdings *Unterschiede in der Einstellung zum Auto.* Auf der einen Seite gibt es begeisterte Autofahrer, am anderen Ende der Skala stehen die (wenigen), die nur gezwungenermaßen Auto fahren.

In vielen Interviews wird ausführlich *bedauert*, daß der *Öffentliche Personen-Nahverkehr (ÖPVN) keine wirkliche Alternative* darstelle. Stets wird kritisiert, daß der Zeitverlust - zumindest auf kurzen Strecken und bei Nebenstrecken - zu groß sei und deshalb eine Benutzung nicht in Frage käme. Unter diesen Umständen wird die Benutzung von öffentlichen Verkehrsmitteln zu einem seltenen, ja sogar besonders wertvollen Ereignis:

> *"Jetzt müßte ich direkt nachdenken, vielleicht ein-, zweimal im Jahr, daß man mit dem Zug fährt. Wenn ich heute mit dem Zug fahre, ist das fast schon ein Luxus, den ich mir gönne, ganz bewußt, den ich mir verschreibe. Da setze ich mich hinein,...habe im Zug dann noch Gelegenheit, Unterlagen durchzuschauen, das ordentlich vorzubereiten, was auch immer da am Tag kommt und beim Nachhausefahren kann man richtig ausatmen" (5).*

- Andere wiederum fühlen sich durch den Zustand der Transportmittel daran gehindert, diesen Luxus zu nutzen:

> *"Es fährt zwar sehr viel, ja, es bewegt sich ununterbrochen etwas, aber es ist in einem teilweise erbärmlichen Zustand. Und was ich ja als Techniker nicht verstehe, wenn man schon viele Milliarden in die U-Bahn steckt - was ich sinnvoll finde - daß man sie nicht so konzipiert, daß sie von der Behaglichkeit her einem entgegenkommt" (4).*

Die meisten der Familienangehörigen der Befragten haben, soweit sie alt genug sind, ein eigenes Auto. Selbstverständlich ist dies, wo Frauen und Kinder selbst berufstätig sind (aus den genannten Gründen): *"Meine Frau ist auch berufstätig und für die ist das also auch ein Problem, das muß also rationell gehen, deshalb wird das also möglichst rationalisiert"* (15). Es geht zusätzlich um Haushaltsfragen, auch um Freizeitaktivitäten.

> *"In dem Augenblick, wo meine Frau ein paar Wege oder wo sie den Haushalt versorgen muß, da die Nahversorgung bei uns ja nicht funktioniert, sagt sie, das mache ich nicht; oder wenn sie ihren Freizeitsport betreibt, sagt sie, ich fahre nicht von X nach Y, wie komme ich dahin?" (4).*

Für die meisten ist das Zweitauto daher ebensowenig ein Thema wie das Erstauto:

> *"Natürlich gibt es ein Zweitauto in der Familie, um einzukaufen oder auch dann mobil zu sein, wenn ich nicht da bin und ich bin halt sehr wenig zuhause" (5).*

Die Familienautos werden von den Managern allerdings nicht immer als (so) notwendig eingestuft. Zumindest sehen sie gelegentlich *Differenzen* zwischen der *zeitökonomischen Unumgänglichkeit der Fahrten zum und vom Arbeitsplatz und den Erfordernissen von Haushaltsführung und Freizeitaktivitäten,* in deren Zusammenhang zumindest die theoretische Möglichkeit von Auto-Verzicht angenommen wird (*"Meine Frau hat so gesehen theoretisch keinen Bedarf an einem Auto, aber sie hat eines und nützt eines"* - 4). Auch die Kinder könnten theoretisch ohne Auto auskommen. Gelegentlich wird, nicht ohne Respekt, von Kindern berichtet, die tatsächlich "hauptsächlich" oder "fast nur" den ÖPVN benutzen (8). Bei den anderen ist es mehr oder weniger die Bequemlichkeit, die zu - von den Befragten nicht ohne eine gewisse Genugtuung konstatierten - Widersprüchen zwischen ökologischer Theorie und Mobilitätspraxis führt:

> *"Im Prinzip sollte man mit möglichst wenig Fahrzeugen in der Familie auskommen, darüber sind sich alle im Klaren. Nur in der Praxis will jeder immer, wenn er es glaubt, mit seinem eigenen Fahrzeug wegfahren können" (9).*

Bei denen, die es bedauern, zum Autofahren gezwungen zu sein, wird exkulpierend erwähnt, daß man - ohne dazu gezwungen zu sein - mit *schadstoffarmen Fahrzeugen* fährt:

> *"Ich habe, obwohl ich noch nicht nachrüsten hätte müssen, ein neues Auto gekauft und zwar einen Diesel, weil ich einfach beseelt von der Idee war und noch immer bin, daß also die Entsorgung bei den Kats bei weitem noch nicht durchdacht und geregelt ist und man in der Verbrennungstechnik und Technologie bei Dieselmotoren, glaube ich, schon sehr, sehr, weit ist" (5).*

Ansonsten wird auch zum Fahrrad gegriffen. Es handelt sich aber vorrangig um Freizeitaktivitäten, die jedoch nicht von allen sonderlich intensiv genutzt werden können:

> *"Jeder von uns hat ein Fahrrad, und die Gelegenheiten sind schon sehr dünn geworden, wo man halt irgendwo gemeinsam hinausfährt" (5).*

Das Auto - die *uneingeschränkte individuelle Mobilität* - stellt für die Befragten ein *berufliches* (und weitgehend auch privates) *Muß* dar. Aus ihrer Lebensperspektive gibt es (gegenwärtig) keine Alternative. Einschränkungen wären denkbar, scheitern aber an der Trägheit der Menschen.

Insgesamt stellen die meisten Befragten ihr eigenes Leben als - bezogen auf ihre Interessen - vergleichsweise rational organisiert dar; sie beschreiben ihre Lebenswelt als - vergleichsweise - ökologisch vertretbar und vernünftig. Damit verbunden ist, wie bereits erkennbar wurde, eine ausgeprägte Skepsis gegenüber radikal-ökologischer Kritik. Unabhängig davon finden sich in allen Interviews mehr oder weniger ausgeprägt Schilderungen von ökologischen Problemen, die (auch aus dieser Perspektive) eindrucksvoll, bedenklich oder erschreckend sind. Sie geben Anlaß zu allgemeineren Überlegungen und nötigen dazu, die eigene "Lebensphilosophie" entsprechend auszuarbeiten bzw. damit in Verbindung zu bringen. Im folgenden schildern wir zunächst die

"Saulus-Erlebnisse" der Befragten und versuchen dann, die darauf bezogenen und allgemeinen Vorstellungen, Ideen, Hoffnungen, Befürchtungen darzustellen.

4.3 Kontakt mit ökologischen Problemen und Themen

Die Wahrnehmung und damit das Erleben von Problemen hängt bekanntlich von verschiedenen Momenten ab. Unter anderem auch vom praktischen Zugang zu einem Lebensbereich: praktische Anschauung, konkreter Kontakt sind Voraussetzung für emotionalen und kognitiven Zugang zur Realität. Was man nicht kennt, kann nicht zum Problem werden. Andererseits variieren die individuellen und gruppenspezifischen Sensibilitäten, die Normalität des einen überschreitet bereits die Alarmschwelle des anderen.

In diesem Sinn unterscheiden sich (zwangsläufig) die Ereignisse und Themen, an denen sich ökologische Diskurse bei den von uns Befragten ergeben. Für einige ist bereits die *Alltagsrealität problemhaltig*. Müll ist dann ein Stein des Anstoßes:

> *"Wenn Sie den Müll betrachten, den so ein Haushalt verursacht, nicht nur, weil wir jetzt dieses Gespräch führen, sondern überhaupt eigentlich immer schon, habe ich einen Horror davor gehabt...Es beginnt damit, daß man aus der Wohnung das Ganze abtransportieren muß, und wenn man schaut, wie rasch sich die Mülleimer füllen, dann ist das wirklich erschreckend" (6).*

Selbst denjenigen, die sonst wenig Haushalts-Zentriertheit zeigen, fällt dies (unter bestimmten Umständen) auf:

> *"Ich habe das echt gemerkt; meine Familie war jetzt einmal bei den Großeltern, ich war alleine in Wien, ich habe die ganze Woche einen halben Eimer Müll verbraucht. Und wenn meine Familie da ist, dann sind pro Tag vier Eimer voll" (2).*

Noch empfindlicher auf massenhaftes Wegwerfen von Nutzbarem reagieren die Befragten, die praktische Funktionen im Haushalt wahrnehmen. Den Gartenbesitzern beispielsweise geht es gegen den Strich, Grünes in den Mülleimer zu werfen.

Für die meisten ist allerdings der Haushalt kein Gegenstand kritischer Aufmerksamkeit. Bei einigen kristallisiert(e) sich Aufmerksamkeit an *regionalen Ereignissen:*

> *"Es gibt ein paar Dinge, die einem vielleicht bewußt geworden sind, ich bin am X aufgewachsen, und die österreichischen Gewässer waren ja lange Zeit sehr, sehr stark bedroht von allen möglichen Verunreinigungen, und der See war ohnehin noch in einer guten Situation, lange Zeit, aber irgendwann hat man dann begonnen, das war in den späten 60er Jahren, eine Ringkanalleitung im See zu verlegen, das hat unglaublich viele Diskussionen hervorgerufen...Das war eigentlich ein erster Schritt, wo das sehr bewußt geworden ist" (6).*

Angesprochen wird gelegentlich auch das Verhältnis zu *allgemeinen Kontaminierungen der Natur.* Das Thema, welches am meisten Erschrecken und Irritation hervorruft, ist der *Zustand von bestimmten Landschaften.* Es sind dies vor allem zwei: die Adria und die Alpen. Die Adria ist vor allem im Blickpunkt, weil sie als Urlaubsziel naheliegt:

> *"In den letzten Jahren haben wir in Italien eine Ferienwohnung genommen, wo ein Swimmingpool dabei war, um also wieder der, der unheimlichen Belastung der Adria zu entkommen...Im Vorjahr sind wir dann nicht mehr nach Italien gefahren, also die ganzen Diskussionen waren mir dann schon zu bunt. Ich hätte Sorgen, wenn ich wüßte, meine Kinder und die Kleine, die ist den ganzen Tag im Wasser, sich hier in dieser von Kolibakterien und anderen Verunreinigungen triefenden Lache herumtriebe" (5).*

Diese Perspektive basiert auf praktischen Erfahrungen und mißtraut positiven Gutachten über die Adria:

"Es gibt Untersuchungen vom Hygieneinstitut in Graz, die eine Unschädlichkeit attestiert haben, die ich, wenn ich so vermessen sein darf, nie geglaubt habe. Es gibt auf der anderen Seite Veröffentlichungen in Tageszeitungen, die jeweils die Belastungen der gängigsten Urlaubsorte an der Adria...ich glaube sogar täglich veröffentlicht haben. Warum ich denen jetzt mehr glaube, kann ich Ihnen nicht erklären, das ist sicher nicht auf der rationalen Ebene zu Hause, aber das war einfach glaubwürdiger in der Aussage und in der Darstellung. Und das dritte - und das ist wahrscheinlich der Punkt, wo man dann wirklich einhaken kann: es gibt nicht nur Erzählungen, sondern Beweise und Belege von Bekannten, Verwandten etc., die halt nach einem solchen Urlaub dann mit Hautkrankheiten und mit fürchterlichen Wehwehchen zu kämpfen hatten. Und ich glaube, bewußt sollte man sich in so eine Situation halt nicht hineinbegeben" (5).

Andere beurteilen die Lage gänzlich anders (man könnte auch sagen: entscheiden die Glaubwürdigkeitsfrage anders) und entscheiden entsprechend die Urlaubsfrage anders:

"Mir genügt's durchaus, wenn ich also im Sommer ein bißchen nach Tirol komme, und dann will ich gerne vierzehn Tage an die Hausmeisterriviera nach Grado, wo ich also dann, ich weiß nicht, meinen Körper in die angeblich so versaute Adria, die ja gar nicht so arg ist, hineinhänge und ein bißchen schwimme" (16).

Einmütiger fällt die Beurteilung aus, wenn es um die Alpen geht. Wanderer und Schifahrer berichten durchwegs von bedenklichen Entwicklungen und besorgniserregendem Zustand dieser tertiären Faltung.

"Wenn man sieht, welchen sportlichen und kommerziellen Wert solche Sommerskigebiete haben, dann muß man sich ja wirklich die Frage

stellen, wozu? Ich meine, ich bin auch Skifahrer, auch Alpinskifahrer, habe ehrlich gesagt auch damit, wenn ich ganz fair bin, meine Probleme, weil das ja auch zweifelsohne zu weit geht. Aber ich kann diesen Gletscherskigebieten nicht einmal vom Skifahren her etwas abgewinnen und am Gletscher in die Sonne legen, das kann ich ohne Aufstiegshilfe auch, im Grunde genommen. Eigentlich hätten da die Naturschützer und auch die verantwortlichen Politiker viel früher aufstehen sollen und sagen: das macht nicht viel Sinn, vor allen Dingen auch, wenn man das zu Ende denkt. Die Gletscher sind im Endeffekt für uns die wesentliche Wasserreserve...Ich glaube, daß diese Dinge ja vielleicht kommerziell recht interessant sind, gar keine Frage. Aber sie sind aus meiner Sicht abzulehnen, weil sie eine enorme Belastung darstellen, man muß sich das nur im Sommer dort anschauen, wie das ausschaut" (6).

Aber auch der Tourismus wird als Umweltverschmutzer identifiziert:

"Wenn man da oft so durch die Gegend geht und sieht, was an manchen Stellen wirklich an Unrat übrig bleibt, der einfach nicht verrottet, egal, ich meine, vielleicht sind so Konservendosen auch nicht unbedingt eine riesige Belastung, weil die, wenn sie dort am Berg liegen auf den Steinen, eh nicht verrotten, die brauchen Jahrzehnte, bis da irgendetwas anderes daraus wird, nur es ist unschön, und wahrscheinlich sind sie im Endeffekt dann trotzdem eine Belastung. Und es bleibt ja nicht nur bei diesen Dingen, es bleiben ja andere Dinge auch liegen, Plastikdosen, Plastikflaschen und vielerlei mehr und das ist eigentlich etwas, was mir sehr, sehr unangenehm aufgefallen ist mit der Zeit" (6).

Ansonsten wird relativ wenig über Phänomene im eigenen lebensweltlichen Horizont berichtet, die massiv (unangenehm) auffallen bzw. zum Nachdenken anregen/nötigen. Im Großen und Ganzen wird die unmittelbare und die in mittelbarer Reichweite liegende Umwelt jedoch von den meisten als weitgehend intakt erlebt. Probleme, die angesprochen werden, ergeben sich aus praktischem Kontakt und aus sinnlicher Auf-Dringlichkeit. Weiter weg liegende und sinnlich weniger präsente Themen werden spontan eher selten angesprochen; ein solches Ansprechen basiert dann eher auf normativ fundierten Vorstellungen. Einer der Befragten äußert sich beispielsweise entsetzt darüber, daß Öltanker von Ölfirmen als schwimmende Lager benutzt werden (7). - Häufiger sind allerdings Kommentare, daß die öffentliche Aufregung wohl übertrieben und fehl am Platz sei. Es wird etwa bezweifelt, daß Kraftwerke wirklich schwer verdauliche Eingriffe ins Ökosystem darstellen (7) oder darauf verwiesen, daß das Wasserkraftwerk Kaprun heute doch eine Sehenswürdigkeit sei (9) - auch hier dominiert eher eine skeptische Distanz.

In diesem Zusammenhang äußern sich die Befragten ausgesprochen ambivalent über die Funktion von Medien und Organisationen, die sich mit ökologischen Themen befassen (vgl. Kapitel 3). Auf der einen Seite wird immer wieder hervorgehoben, wie wichtig die Möglichkeit der Information, wie wesentlich die "vollständige Information" für die Entscheidung über ein Thema sei - dazu sind Medien dringend erforderlich und leisten einen wichtigen Beitrag. Auf der anderen Seite sind nicht nur die verfügbaren Informationen selbst problematisch, weil die Experten sich streiten und oft irren, sondern auch der Umgang mit Informationen in den Medien ist problematisch, d.h.: einseitig, verzerrt, übertrieben. Vielleicht trägt auch das daraus resultierende Mißtrauen gegenüber den öffentlich geführten Auseinandersetzungen dazu bei, daß die von uns Befragten Probleme am ehesten da aufgreifen, wo sie selbst eine sinnliche Nähe und praktische Relevanz erleben - wobei diese Relevanz wiederum nach den Kriterien der Lebenspragmatik vorgesteuert ist.

4.4 Der Umgang mit ökologischen Themen

4.4.1 Orientierungen und Kriterien

Angesichts von wahrgenommenen ökologischen Problemen, aber auch angesichts ökologischer Diskussionen und den damit verbundenen Optionen und Vorstellungen ergibt sich zwangsläufig eine Reihe von Fragen, auf die (zumindest implizit) geantwortet werden muß:

- Was ist das Problem?
- Wie ist es einzuschätzen?
- Was ist die Ursache?
- Was hat das Thema mit mir zu tun?
- Was ist zu tun?

Diese Fragen werden in den Ausführungen der von uns befragten Manager nicht immer direkt, nicht immer im Zusammenhang und selbstverständlich nicht auf die gleiche Weise beantwortet. Einige der typischen Strategien im Umgang mit dem Themenkomplex lassen sich jedoch identifizieren; sie sind z.T. bereits in der Schilderung der Äußerungen zu bestimmten Themen deutlich geworden. Grosso modo wird das *Thema "Ökologie"* von den Managern im privaten Lebensbereich als *relevant* und *selbstverständlich akzeptiert:*

> *"Wenn man also heute mit Intelligenz ausgestattet ist und halbwegs verantwortungsbewußt, dann muß man sich mit den Themen auseinandersetzen, und das tut man wahrscheinlich, ohne es sich bewußt zu machen, mehrmals täglich" (9).*

Im eigenen Privatleben wird sowohl Bewußtheit als auch praktische Berücksichtigung als angemessen bis ausgezeichnet dargestellt. Dabei sehen die Manager sich selbst zu Hause eher in der Nachhut. Es ist ihnen klar, daß alle diesbezüglichen Aktivitäten nicht von ihnen selbst, sondern von ihren Frauen erbracht werden bzw. von ihnen abhängen:

"Da müssen Sie das Glück haben, daß erstens einmal die Frau zu Hause ist und ebenfalls so denkt und nicht nur schnell einmal einkaufen will und dann, ja, was weiß ich, auf Modeschau gehen will" (7).

Es gibt, wie beschrieben, eine *grundsätzliche Bereitschaft* auch zum praktischen Engagement. Faktisch ist diese Bereitschaft jedoch *relativ:* alle Befragten äußern sich in dieser Hinsicht ähnlich: die Ökologie der Haushaltsführung muß sich einordnen in die allgemeine Rationalität und Ökonomie der Lebensführung. In diesem Zusammenhang ist von der Notwendigkeit *"pragmatischen Denkens"* (8), von der Frage eines *"vertretbaren Aufwands"* (11) die Rede, von *"rationeller Organisation"* (15) oder von einem *"Mischkonzept"* (13) - gemeint ist, daß die dominanten Erfordernisse des täglichen Lebens den Rahmen, innerhalb dessen ökologische Orientierung möglich ist, festlegen. Dabei steht der Beruf mit großem Abstand an erster Stelle, dann folgen Freizeit und Familienleben.

Es gibt also quasi-natürliche wie normative Grenzen des "privaten" Engagements für ökologische Perspektiven. Daß diese Grenzen gleichwohl arbiträr sind, ist den Befragten klar. Es wird sowohl festgestellt, daß jeder sich dort engagiert, wo er es für sinnvoll hält (was nicht identisch mit objektiver Sinnhaftigkeit ist), als auch davon gesprochen, daß man subjektiv selektive Strategien verfolgt. Einer der Befragten berichtet, daß ihm beispielsweise bei Glas- und Metallrecycling der Aufwand vertretbar erscheint, anderes dagegen läßt er (oder läßt er nicht) aus "Bequemlichkeit", wobei die "Mischung" in der Tat nicht von der Sache her, sondern von den subjektiven Selektionen abhängt. - Darin wird ein Widerspruch zwischen Sein und Sollen sichtbar, der nicht verleugnet wird. In einigen Äußerungen wird dieser Widerspruch quasi bedauernd konstatiert:

"Wir machen Dinge, von denen wir eigentlich sehen können, daß sie nicht gut sind. Wir machen es trotzdem, wenn man da konsequent wäre, müßte man ja ganz andere Schritte unternehmen" (6).

Was getan werden kann - was die objektiven Umstände wie auch die lebenspraktischen Zwänge erlauben - wird (vor allem von den Ehefrauen) getan. Die Manager selbst sehen sich in diesem Zusammenhang eher in der Rolle des "Beraters", der irrationalen Überschwang bremst, auf "vernünftige" Relationen hinweist, der Widersprüche zwischen Wort und Tat anspricht. Kurz: sie vertreten im Kern eine als *zweckrational verstandene Position.* Dabei sind die Zwecke vor allem nach folgenden Kriterien bestimmt:

- im Vordergrund steht in jedem Fall die berufliche Karriere, stehen die dafür erforderlichen Einteilungen und Zuordnungen von Zeit, Aktivität, Material;
- um die Dominanz des Berufs herum gruppieren sich Erfordernisse und Erwartungen eines qualitativ ambitionierten Lebensstils.

In diesem Zusammenhang spielt auch das eine Rolle, was als angemessener oder notwendiger Lebensstandard angesehen wird. Angesprochen wurde bereits die für die Balance von Beruf und Privatleben erforderliche Zeitökonomie. Die für die eigene Relevanzhierarchie erforderlichen Bedingungen werden als selbstverständlich nötig eingestuft. Darüber hinaus wird explizit und implizit von "angemessenen" Lebensbedingungen ausgegangen. Zwar wird das eigene Lebensniveau als vergleichsweise moderat eingestuft - kein "Supermercedes" (2), kein aufwendiger Urlaub an Modeorten (5), kein aufwendiger Konsum (11); insgesamt sehen sich die von uns befragten Manager jedoch "ziemlich weit oben auf der Pyramide angesiedelt" (13). Entscheidendes Kriterium dafür ist fast immer die Qualität. Der Anspruch auf qualitativ hochstehende Nahrungsmittel, Materialien etc. wird als Bezugspunkt in den meisten Interviews genannt - und meist noch vor jedem (und ohne jeden) ökologischen Bezug.

Was dabei "qualitativ" heißt, variiert erheblich. Ein Aspekt, der sich immer wieder findet, ist der Verweis auf ein allgemeines Niveau an Lebenspraxis, welches gewissermaßen selbstverständlich zur Verfügung stehen soll und genutzt wird. In einer knappen Formulierung:

"Ich habe das Recht, mir meinen gebührenden Anteil, nachdem ich schon auf die Welt gekommen bin, von dieser Welt zu nehmen. In gewissem Rahmen nehme ich mir das Recht, auch Umweltressourcen zu brauchen, wie Wasser, indem ich Skifahren gehe, indem ich autofahre" (2).

In diesem Sinne wird von den meisten Befragten genannt, was für sie ein Standard ist, der gewährleistet sein soll: qualitativ gutes Essen, qualitativ gute Kleidung, qualitativ guter Urlaub. Des öfteren wird diese Orientierung abgegrenzt gegen quantitativen Konsum, d.h. es wird eher weniger, dafür in guten Geschäften gekauft; es werden weniger, aber qualitativ hochstehende Konsumgüter angeschafft, während der Supermarkt und Billigware a priori als minderwertig erscheinen. Hier steht demnach ein In-Anspruch-Nehmen im Vordergrund. Auf der anderen Seite wird häufiger betont, daß ein gewisses Maß an Beschränkung ebenso zur Lebensqualität gehört.

Damit sind die beiden *Hauptkriterien der praktischen Lebensführung* angesprochen: *betriebswirtschaftliche Rationalität* und *qualitative Orientierung*. Beides steht in einem komplexen Verhältnis. Betriebswirtschaftliches Denken - die eindeutige und unmittelbare Orientierung an Zweck und Mittel, an Kosten und Ertrag - wird immer wieder auch auf Themen der praktischen Lebensführung übertragen. Das zeigte sich in aller Deutlichkeit am Thema "Zeit", aber auch an den vielfältigen Überlegungen zu der Logik des Umgangs mit Müll u.ä. Immer wieder werden Argumentationen vorgestellt, die auf einer rechnerischen Gesamtbilanz basieren. Ein immer wieder benutztes (und bereits zitiertes) Beispiel ist die Milchflasche: ist sie, wenn man die Transport- und Reinigungskosten hinzurechnet, wirklich sinnvoller - d.h. ökonomischer - als die Milchpackung?

Relativiert wird dieses vergleichsweise strikte und konsistente betriebswirtschaftliche Denken nur durch das genannte Prinzip der Qualität. Wenn sich die von uns Befragten an einem von qualitativen Ansprüchen her begründeten Ziel orientieren, ordnen sie ökonomische Kriterien unter, genauer:

der dominanten Tauschwertorientierung wird eine *spezifische Art der Gebrauchswertorientierung* normativ vorgelagert:

> *"Meine Frau kauft Milch in Flaschen und schleppt sich ab, obwohl es eine Untersuchung gibt, die untermauert, daß die Tetrapack das umweltfreundlichste ist. Dann brauche ich nicht anzufangen, mich mit der Milch in der Flasche abzuschleppen - wenn die Milch in der Flasche besser schmeckt, dann ist das was anderes" (2).*

Es ist bereits deutlich geworden, daß dieser "Bruch" in vielen Fällen bei unmittelbarer Identifizierung mit den Qualitätskriterien selbstverständlich (und selbstbewußt) akzeptiert wird, gelegentlich aber auch ambivalente Züge trägt - etwa in ständigen Hinweisen darauf, daß ökologische bzw. qualitativ ausgerichtete Lebensführung teurer ist.

> *"Wenn Sie es betriebswirtschaftlich anschauen, ist wahrscheinlich der Nutzen noch nicht so sehr quantifizierbar. Das ist dann mehr die Haltung und das Bewußtsein, das kann man wahrscheinlich nicht so sehr in Schilling ausdrücken als in dem Gefühl, das sich damit verbindet: jetzt habe ich halt das bewußt so gemacht. Das kostet tatsächlich ein bißchen mehr" (5).*

Damit ist auch die Struktur des Zugangs zum Thema Ökologie deutlich. Vorrang hat eine basale Zweck/Mittel-Kalkulation, wobei die Zwecke weitgehend vom ökonomischen Prozeß vorgegeben sind und die Mittel vor allem technisch und finanziell definiert werden. Gebrochen wird dieses Muster durch Kriterien der qualitativen Lebensführung: die Lebensbedingungen sollen "gut" sein. Dies ist in Bezug auf Lebensmittel und Transportmedien evident. Was ist aber eine *qualitativ gute Umwelt?* Es scheint, als würde dies von den von uns Befragten nicht zuletzt *ästhetisch* verstanden. Die weiter oben zitierten Äußerungen über den Zustand der Alpen beispielsweise entzünden sich vorrangig an dem katastrophalen optischen Eindruck: es geht vor allem um Flaschen und Papier, die umherliegen und das Vergnügen an der Natur beeinträchtigen. Wenn die Besserung der Verhältnisse in den letzten Jahren angesprochen wird, dann wird daran gedacht, daß auf den Straßen viel weniger Dreck umherliegt als früher (1). Und der Fortschritt, den viele in der Entwicklung von Generation zu Generation sehen, mißt sich daran, daß die Kinder, die von Anfang an auf die Thematik aufmerksam gemacht werden, *"niemals ein Bonbonpapier aus dem Auto werfen würden"* (5).

Die (ökonomische) Ratio von Entscheidungen und Einschätzungen wird daher in gewisser Weise überlagert bzw. ergänzt durch eine bestimmte Art von Ästhetik. - Daneben gibt es lediglich ein Kriterium, welches weiterreicht als jene: *Verantwortung* bzw. "Gewissen". In vielen Äußerungen wird deutlich, daß ökologisch orientiertes Handeln, welches nicht unmittelbar aus der Rationalität der Lebenspraxis hervorgeht, auf psychische Motivation angewie sen ist. Häufig wird mit Erstaunen konstatiert, wie weit dieses Gewissen schon reicht:

> *"Was hat man früher mit einer Lackdose gemacht? - in den Müll geworfen! Jetzt ist es zwar insofern mühsam, daß man sich in das Auto setzen muß und dort hinfahren muß, aber die, die dort Dienst tun, sagen: das ist unglaublich, wenn die Leute eine Matratze haben, die sie nicht brauchen, werfen sie sie nicht auf die Straße, sondern bringen sie wirklich" (4).*

Auf der anderen Seite sind sowohl Ästhetik als auch Gewissen (ebenso wie "Lebensqualität") in weitaus stärkerem Ausmaß arbiträr; sie basieren mehr auf den jeweils konkreten Konnotationen. Es ist daher nicht verwunderlich, wenn das, was dem einen als Indiz für fortschreitendes Umweltbewußtsein erscheint, dem anderen als uninteressante Kleinigkeit oder gar als unsinniges Ablenkungs- und Selbstberuhigungsmanöver erscheint. Betriebswirtschaftliche Ratio, Lebensqualität, Ästhetik und Gewissen passen nicht immer zusammen. Es gibt deshalb in den Interviews auch keine einheitlichen, in sich ständig konsistente "Strategien" der Argumentation, sondern eher Orientierungen, die z.T. ad hoc variiert werden (müssen) - und dann nicht nur an verschiedenen Punkten unterschiedlich elaboriert sind, sondern auch durchaus widersprüchlich sein können. Bei näherem Hinsehen wird deutlich, daß dahinter die *strukturelle Individualität der Kalküle* steht: jeder legt für sich - willkürlich, orientiert an den jeweils besonderen Bedingungen und Vorstellungen - fest, was für ihn sinnvoll ist und was nicht, d.h. es wird von den eigenen Möglichkeiten her eingeschätzt.

4.4.2 "Systemdiagnose" Umfeld - Zur Einschätzung der Gesamtproblematik im eigenen Umfeld

Die von uns befragten Manager schätzen insgesamt ihre private Lebenswelt als - gemessen an den Bedingungen und Zwängen - geordnet und vorzeigbar ein. Anders dagegen sehen sie die Verhältnisse in ihrer näheren und weiteren sozialen Umgebung. Zwar wird im Allgemeinen davon ausgegangen, daß auch hier die Verhältnisse - relativ -akzeptabel sind und daß viel Kritik überzogen ist: so dreckig sei die Adria nicht, so sehr habe der Staudamm von Kaprun die Alpen doch nicht verschandelt. Dennoch häufen sich hier kritische Kommentare über Zustände sowie bestimmte Gruppen, deren Verhalten ihnen als unangemessen erscheint.

"Kritik an Zuständen" bedeutet: Die Verhältnisse sind nicht so, wie sie sein sollten oder könnten. Auf der Tatbestandsebene wird diagnostiziert, daß der ÖPNV zu teuer, zu unbequem, zu langsam sei, daß das Verursacherprinzip zu wenig angewandt werde, daß die wirklichen Probleme überhaupt nicht in Angriff genommen werden, kurz: daß Ratio und Realität auseinanderklaffen.

> *"Solange diese Taschentücher, die bleichfreien, einen Schilling mehr kosten als wie die anderen, ist da irgendetwas faul im System" (2).*

"Systemfäule" kann gewissermaßen verschiedene Formen annehmen. Die am häufigsten festgestellte Form sind Verstöße gegen ökonomische Grundregeln - ökologisches Verhalten ergibt sich von selbst, wenn es sich rechnet. Wenn das ökologisch bessere Produkt teurer ist, kann dies unmittelbar identifiziert werden. Daneben gibt es Probleme, die mit mangelnder technischer Sinnhaftigkeit zusammenhängen. Dazu gehört beispielsweise, daß sich undurchdachte

Aktivitäten zu unsinnigen Abläufen verdichten. Einige der in dieser Hinsicht geäußerte Kritik bezieht sich ebenfalls auf erkennbare (d.h. ökonomisch berechenbare) Mißverhältnisse - etwa, wenn für den Abtransport von leeren Glasflaschen literweise Benzin verbraucht wird. Teils wird in diesem Zusammenhang auf empirisch identifizierbare Probleme verwiesen, teils wird aber auch nur ein Verdacht geäußert oder zitiert - etwa, wenn vermutet wird, die Trennung von Papiersorten sei Unfug, *"denn es wird doch wieder alles zusammengeschmissen"* (12). Oder, wenn im Anschluß an die Erläuterung der intrafamilialen Mülltrennung gefragt wird, *"ob's nachher dann auch wirklich so getrennt weiterverarbeitet wird"* (11). Diese Einwände werden eher vorsichtig, gelegentlich scherzhaft geäußert. Erkennbar ist jedoch eine tiefsitzende *Skepsis gegenüber allzu euphorischem und naivem Aktionismus.* Zugleich zeigt sich Mißtrauen bezüglich der "Doppelbödigkeit" der Realität, die sich aus der Differenz zwischen Vorzeige-Wirklichkeit und faktischen Abläufen ergibt.

Andere kritische Perspektiven ergeben sich aus der Differenz zwischen ökonomischer Logik und sachlicher Angemessenheit. So wird beispielsweise nicht in Frage gestellt, daß Massenskigebiete oder Gletschertourismus ökonomisch lohnend sind, aber es wird dagegen gestellt, daß dies die ökologischen Schäden nicht rechtfertigen kann:

> *"Diese Dinge sind vielleicht kommerziell recht interessant, gar keine Frage, und werden der Region sehr viel Geld einbringen. Aber sie sind trotzdem aus meiner Sicht abzulehnen, weil sie eine enorme Belastung darstellen, man muß sich das nur im Sommer anschauen, wie das aussieht" (6).*

Strukturell ähnlich sind Einschätzungen, daß etwa Lampen, die im Energie verbrauch niedriger liegen, aus ökonomischen Gründen teurer verkauft werden:

> *"Man überlegt: brauche ich einer 100 Watt Birne, es genügt vielleicht eine 75er oder eine 60er, oder soll ich nicht gleich irgendeine Ener-*

giesparlampe da hineinschrauben, auch wenn sie 300 Schillinge kostet - wobei ich sicher bin, die muß nicht 300 Schilling kosten, die kann man auch billiger machen, aber das ist natürlich auch eine Art des Abschöpfens von Kaufkraftpotential. Jetzt läßt man einmal die kaufen, die viel Geld haben, und dann macht man stufenweise billiger, bis auch die C- und D-Schicht dann kaufen kann" (9).

Von hier bis zu dem Verdacht, dem Käufer werde aus absatzstrategischen Gründen etwas vorgemacht, ist es nicht mehr weit.

Der gemeinsame Nenner dieser skeptischen Einwände liegt darin, daß einerseits dem Anschein nicht zu trauen ist, daß man sich andererseits darauf verlassen kann, daß das ökonomische Prinzip alle möglichen - legale und illegale - Wege nutzt. *Eine "natürliche" Konsonanz von Ökonomie und Ökologie gibt es nicht.* (Gutgemeinte) Vorstellungen haben dann keine Chance, wenn sie der Systemlogik zuwiderlaufen: wenn Papiertrennung nicht auf einem ökonomisch sinnvollen Verwertungssystem basiert, wird sie entweder nicht durchgeführt oder gar wieder zurückgenommen; wenn Informationsbeschaffung und -beurteilung unökonomisch wird, kann Werbung quasi unkontrolliert verzerrende Informationen produzieren; wenn es absatzstrategisch sinnvoller ist, die bessere Lampe teurer zu machen, wird sie teurer bleiben. - Neben dem Mißtrauen gegen naive Vorschläge wird letzlich ein Dilemma deutlich. Die Ökonomie bahnt sich stets ihren Weg; sie muß daher nicht nur zwangsläufig dort mit ökologischen Zielen kollidieren, wo diese nicht in deren Logik übersetzt sind, sondern auch dann, wenn sich die Ökonomie der Ökologie bemächtigt, also damit gerechnet werden muß, daß das Ergebnis problematisch ist. Insofern ist auch hier Mißtrauen angebracht und Kontrolle erforderlich.

Unabhängig von verzerrten Systemverhältnissen wird immer wieder das Verhalten von *bestimmten Personen und Gruppen* kritisiert. Es wurde bereits deutlich, daß viele der Befragten bereits bei ihren Kindern Diskrepanzen zwischen Möglichem und Wirklichem, zwischen Deklaration und Tat feststellen. Diese Diskrepanz wird schon in der unmittelbaren Umgebung zum Stein des Anstoßes. Mitbewohner werden verdächtigt, das Machbare nicht zu tun oder gar sich falsch zu verhalten. Da sind selbst respektable Nachbarn nicht ausgenommen:

"Wir haben da einen Biocontainer. Für mich ist unbegreiflich, wenn ich da ab und zu - rein neugierig, weil ich den Behälter nicht brauche - reinschaue und dann da drinnen Küchenabfälle mit Plastiktüten usw. entdecke, auch Zeitungen - da frage ich mich: das sind jetzt wirklich intelligente Leute, das sind alles Akademiker, warum eigentlich? Ist das denen egal?" (12).

Erst recht wird dem Verhalten des "generalisierten Anderen" wenig getraut. Immer wieder finden sich diesbezügliche Feststellungen bzw. Vermutungen:

"Ich glaube schon, daß sich generell ein Denkprozeß da festgesetzt hat, allerdings ob das so weitgehend ist, weiß ich nicht, da bin ich nicht ganz sicher. Wir machen das so, daß wir alle vierzehn Tage z.B. unseren getrennten Müll ins Auto verladen und dann fahren wir da noch einige Kilometer zu einer Müllsammelstelle, um das dort wieder zu deponieren. Ob das andere wirklich in der Form machen, ich weiß es nicht" (11).

Es sind jedoch in dieser generellen Vermutung der Unzulänglichkeit gewissermaßen drei Kategorien von Menschen identifizierbar, die von den Managern - aus verschiedenen Gründen - als besonders unzuverlässig bzw. gefährlich in ihrem Verhalten eingeschätzt werden: die *"Armen"*, die *"Ungebildeten"* und der *"Massenmensch"*. - Bei den Armen erscheinen die Gründe für unökologisches Verhalten als naheliegend: ihnen fehlt das nötige Geld, um sich (teure) ökologische Lebensformen leisten zu können.

"Wenn Sie wenig verdienen, müssen Sie schauen, wo Sie was für das Geld kriegen und da können Sie nicht umweltbewußt einkaufen, das ist klar"(7).

Die Armen sind damit mehr oder weniger exkulpiert. Ihr Verhalten erscheint als ebenso rational wie das eigene: es folgt der zwingenden Logik der eigenen Situation. Dagegen erscheinen die *"Ungebildeten"* als eine Spezies, die sich vielleicht auch nicht anders verhalten kann, jedoch aus persönlichen Defiziten. Ökologisches Verhalten erscheint als *"vom Niveau der Leute abhängig. Es erfordert ein gewisses Bildungsniveau der Leute"* (1). Viele der einschlägigen Anforderungen und kognitiven Voraussetzungen

> *"verstehen die Leute nicht. Das ist zu abstrakt. Die Zahl derjenigen, die nicht nur die Sportseite der Zeitung lesen, diese Schicht ist relativ dünn, die ist sehr dünn" (1).*

Neben Armut und Unbildung ist es dann vor allem ein quantitatives Problem, welches in den Darstellungen der von uns Befragten ökologisches Fehlverhalten bzw. ökologische Schäden zwangsläufig nach sich zieht. Überall, wo *Menschen in Massen* auftreten, wird die Situation bedenklich.

> *"Ich glaube, daß die Menschheit einen ausgesprochen negativen Zug hat und das ist der Zug, daß alles und jedes scheinbar immer wieder im Massenbetrieb endet" (6).*

Massenbetrieb geht zunächst auf die Nerven:

> *"Was mich eher beeinflußt, ist die Zahl der Skiläufer; daß das Alpinskifahren in einem Ameisenhaufen immer weniger Spaß macht, weil ich also gerne Bewegungsraum bei Skifahren habe und die meiste Zeit, wo ich weg kann, doch Saisonteile sind, wo sehr viele andere auch fahren" (9).*

Es wird aber vor allem auch argumentiert, daß durch große Zahlen die Infrastruktur entsprechend ausgebaut werden muß - was wiederum noch mehr Menschen den Zugang zu den entsprechenden Orten ermöglicht.

"Was ich wirklich hundertprozentig ablehne, das sind also jene Massenskigebiete, wo man versucht hat, Skiautobahnen zu bauen, nur um möglichst viel Skitouristen anzulocken, was dann auch wieder einige weitere negative Effekte hat. Ich glaube, daß überall dort, wo Massen auftreten, die Belastung, die die Natur auf sich nehmen muß, einfach um vieles größer ist. Es geht ja vielleicht gar nicht einmal primär um die Frage, ob da jetzt also fünfhundert oder fünftausend Leute über die Piste rutschen, es geht auch darum, was die in diesem Gebiet produzieren, die machen ja eine ganze Menge anderer Dinge" (6).

4.4.3 Wie werden Systeme gesteuert?

Im Kern argumentieren die von uns Befragten, daß es (für sie) *unverrückbare Zwänge gibt, die zu Kompromissen nötigen.* Es gibt technische, ökonomische und biografische Konstellationen, die in ihrer Zweck-Mittel-Struktur so eindeutig sind, daß für ökologische Orientierungen - die in diese Struktur eingebunden und in die entsprechenden Kriterien übersetzt werden müssen - nur begrenzt Platz ist. Es wird auch davon ausgegangen, daß Ökonomie und Ökologie nicht immer und unmittelbar zusammenpassen, ohne daß daraus ein ontologischer Konflikt gemacht wird. - Die jeweiligen Rahmenbedingungen erscheinen trotzdem nur als relativ definitiv, d.h. beeinflußbar.

Damit stellt sich die Frage, wie Systementwicklung sich abspielt und wie Systemsteuerung in bestimmte Richtungen möglich erscheint. Ausgangspunkt bzw. Bezugspunkt in diesem Zusammenhang ist in den meisten Fällen auch hier die Erfahrung, die aus der Berufswelt und der eigenen Tätigkeit stammt. Die Berufswelt der Manager kennt vor allem klare Zielgrößen: wirtschaftlicher Ertrag ist gewissermaßen das ontologische Kriterium von Erfolg und Mißerfolg. Der Weg dorthin kann verschieden aussehen, sodaß hier ein Entscheidungsprozeß erforderlich ist. Aus verschiedenen Äußerungen geht hervor, daß hier vor allem *ein Modus bevorzugt* wird, der sich *in Anordnung und Ausführung gliedert*, wobei *Ziele und Mittel möglichst klar definiert* sein sollten.

Unter den Vorzeichen einer funktionierenden Steuerung der Rahmenbedingungen wird unterstellt, daß zumindest das Machbare realisiert wird. In dieser Hinsicht zeigen die Befragten durchgängig großes Vertrauen in die technische und organisatorische Leistungsfähigkeit des Gesellschaftssystems und knüpfen daran die Hoffnung auf - schrittweise - Lösung auch gravierender Probleme. *"Fortschritt"* ist eine der Schlüsselkategorien der Problemlösungsvorstellungen, wobei es sich um ein *gestuftes, gleichwohl lineares Modell* handelt. Zentral erscheint hier nicht ein einfaches Fort-Schreiten, sondern ein *Wachstum.*

> *"Wachstum ist nötig, weil nur wenn wir unsere soziale Situation so absichern, daß es bei uns nicht absinkt, dann gibts auch die Möglichkeit, daß wir vom Überfluß was abgeben können und umdenken" (11).*

Es ist erst das hochentwickelte Lebensniveau, welches die Abkehr vom rein ökonomischen, d.h. nicht-ökologischen Verhalten erlaubt (was der Vorstellung entspricht, daß man sich ökologisches Verhalten leisten können muß).

Innerhalb dieses insgesamt sich entwickelnden Prozesses sind dann steuernde Interventionen möglich und nötig. Immer wieder wird als *via regia von Steuerung* der Weg über die *Festlegung bzw. Verteilung von Kosten* angesprochen und vorgeschlagen. Ausgangspunkt ist die klassische Vorstellung eines funktionierenden Marktes, bei dem die Abnehmer durch ihre Präferenzen die Entwicklung des Angebots steuern.

> *"Die Konsumenten, die machen ja Druck auf die Industrie. Die Konsumenten kaufen ja, setzen ja mit ihrer Kaufentscheidung die Industrie in Zugzwang" (2).*

Entsprechend erscheint die Besteuerung von unerwünschten Entwicklungen als einfaches und probates Mittel:

"Man müßte die Verpackung teurer machen, genauso wie beim Autoverkehr: ich muß die Kosten des Autoverkehrs, auch die Kosten der Verpackung, den Verbrauchern und Verursachern zurechnen, nicht der Allgemeinheit" (2).

So einfach und logisch dieses Modell erscheint, so wenig funktioniert es von selbst. Auf allen Ebenen, in allen Phasen seiner Realisierung rechnen die von uns Befragten mit Problemen und Konflikten. Der vom Modell her denkbare einfache und funktionale Entscheidungsprozeß wird durch die Intervention von bestimmten Gruppen, die Genese von problematischen Lebensorientierungen wie durch die Inkompetenz relevanter Funktionsträger erheblich beeinträchtigt. Es zeigt sich aber auch, daß die von uns Befragten jenseits ihres Vertrauens in die Leistungsfähigkeit des Steuerungsmodells skeptisch sind, ob es funktionieren kann. Es werden *Zweifel* geäußert, *ob entsprechende Bestimmungen auch "administrierbar" sind.* Dies ist eine makrostrukturelle Parallele zu Äußerungen aus dem eigenen Lebensbereich, die darauf hinauslaufen, daß es unmöglich sei, genau zu kontrollieren, ob aus dem, was man tut, auch wirklich das wird, was intendiert ist. Man hat nicht die Zeit; hat auch nicht die Kontrollmöglichkeiten, die dazu erforderlich wären. - Sichtbar wird hier erneut eine massive Skepsis: das Konzept mag stimmig sein, aber wird es auch tatsächlich durchgeführt? Halten sich die Menschen an das, was erforderlich ist?

Damit wird erneut die Kehrseite der Steuerungsproblematik sichtbar: technische, ökonomische, rationale Logik ergeben eindeutige, stimmige und funktionsfähige Vorstellungen. Auf der anderen Seite sind immer und überall *Menschen* beteiligt, die ihre *Eigen-Willigkeit*, ihre *Unberechenbarkeit* einbringen und auf diese Weise *logische und funktionale Systemstrukturen konterkarieren.* Es ist stets "der Mensch", der Probleme verursacht, der sich nicht hinreichend an Erfordernisse hält, kurz: der Mensch ist das Risiko, ist im Gesellschaftsverständnis der von uns Befragten die Residualkategorie, auf die typischerweise immer rekurriert wird, wenn es um die Erklärung von (negativen oder als negativ eingeschätzten) Ereignissen bzw. Zusammenhängen geht.

Das dabei vertretene "Menschenbild" (vgl. dazu auch Kapitel 5) ist in seinen Grundstrukturen eher pessimistisch. Ganz allgemein erscheint "der Mensch" als eher problematische Erscheinung. Seine Grundausstattung besteht aus Eigenschaften, die wesentlichen Bedingungen eines funktionierenden Systems gerade nicht entsprechen: er (wieweit dies auch auf Frauen übertragen wird, oder ob tatsächlich vor allem an Männer gedacht wird, ist den vorliegenden Daten nicht entnehmbar) ist nicht leistungsorientiert und diszipliniert, sondern eher träge und egoistisch (1, 2). Beweglich ist er vor allem, wenn es darum geht, für sich selbst Vorteile zu erreichen. Getrieben wird er vor allem vom Motiv der Nutzenmaximierung.

Es ergibt sich eine doppelte Perspektive: zum einen besteht im Ernst *keine Chance, aus dem Menschen ein ökologisch harmloses Lebewesen* zu machen. Er trägt unweigerlich zum Ruin der Welt bei. Die Frage ist nur, in welchem Ausmaß dies geschieht: beschleunigt er den (ohnehin unvermeidlichen) Untergang der Welt oder bringt er es fertig, durch vergleichsweise angepaßtes Verhalten die Dinge unbeschleunigt ihren Weg gehen zu lassen (2)? Zum anderen erfordert dies, daß der *undisziplinierte, unwissende, träge, egoistische Mensch beeinflußt wird*, sich angemessen zu verhalten. D.h. in dem Maß, wie menschliches Verhalten - gesehen als individuelle Eigenschaft - zum entscheidenen Kriterium und Medium von Entwicklung wird, wird direkte Verhaltensbeeinflussung auch zur via regia der Kompensation von negativen Effekten, die "der Mensch" auf Natur (und auf rationale Systemsteuerung!) hat. Gedacht wird dabei vor allem an
- Information,
- Vorbild,
- ökonomische Steuerung und
- Zwang.

Alle vier Wege werden genannt, wenn es um die Frage geht, wie Fortschritte auf dem Gebiet der Ökologie zu erreichen wären. In der Schule, aber auch in den Medien sehen die Manager die Informationskanäle, über die entsprechen de Beeinflussung möglich ist. Information wird generell als Bedingung für rationales Handeln gesehen; ein gewisses (Über-)Maß an Information erscheint sogar als Möglichkeit, auch Unwillige auf Themen aufmerksam zu machen. Dennoch bleiben die *Möglichkeiten von Informationspolitik beschränkt.* Größerer Wert wird daher auf die Beeinflussung durch *vorbildliches Verhalten* gelegt. Es scheint, als sähen die Manager hier zumindest einen Weg, diejenigen, die überhaupt ansprechbar sind, zu motivieren.

Diese beiden Wege stehen in enger Verbindung zum *Eigenverständnis* der Manager selbst. Sie nehmen, wie gezeigt wurde, für sich ebenfalls in Anspruch, auf gehobenem Niveau "ihren Teil" zu bekommen (was von den jüngeren eher expansiv, von den älteren eher konservativ akzentuiert wird). Sie sehen sich jedoch auch als eine Gruppe, die diszipliniert arbeitet, ein einmal akzeptiertes Ziel ansteuert, mehr noch: das Ansteuern dieses Zieles zum Gegenstand intrinsischer Motivation macht (d.h. es als *"Auftrag"*, als *"Herausforderung"* betrachtet) und entsprechend konsequent sich in diese Richtung bewegt. Für sie ist klar, daß man sich dazu *"immer wieder neu motivieren muß"* (3), daß dies nicht auf dem Niveau von Trägheit und Indifferenz zu bewältigen ist. Und hier sehen sie auch eine wichtige eigene Funktion in ihrer Lebenswelt: durch vorbildliches Handeln und Überzeugung andere dazu zu bringen, sich ebenfalls dieser Aufgabe zu widmen. Obwohl es gelegentlich auch hier skeptische Äußerungen gibt (was sind Manager schon besonderes?), ist hier doch ein gewisser Stolz, ist hier doch eher als in anderen Zusammenhängen ein *Elitebewußtsein* erkennbar: wenn *Leistung* und *Disziplin* die Modi der Durchsetzung von Veränderungen sind, dann sind Manager von ihrer Selbsteinschätzung her eine vorbildliche Gruppe.

Man könnte vermuten, daß gerade das Moment des Festhaltens an extremen Lebensorientierungen unter starkem Druck sowohl von den betrieblichen Anforderungen als auch von der normativen Defensive her den Effekt hat, daß auch die Manager selbst im Grunde am Modell der rationalen Steuerung kontrafaktisch festhalten. Nach allem, was gesagt wurde, ist klar, daß sie zugleich dem Erfolg dieser Strategie mißtrauen. Ökonomische Anreize und normative Zwänge sind daher auf alle Fälle flankierende Maßnahmen, die erforderlich sind. Angesichts der Indolenz "des Menschen" reicht eine Steuerung über Preise, erst recht über gute Worte, nicht aus. Es ist unvermeidlich, über heroische Initiative (die entsprechend Raum braucht) und Vorbilder (die autoritativ wirken müssen), aber auch über Ge- und Verbote zu intervenieren.

5. Die Entwicklung der Welt und das ökologische Problem

5.1 Einleitung

In diesem Teil sollen weltgesellschaftliche Bezüge in den Interviews untersucht werden. Die zentrale Frage ist, wie die Manager die weitere Entwicklung der Welt in allgemeiner und ökologischer Hinsicht sehen, welche Bezüge sie zu ihrer eigenen Arbeit und ihrem eigenen Leben herstellen. Es soll thematisiert werden, welche Szenarios für die zukünftige Entwicklung vorgestellt werden und welche Lösungsansätze für Probleme präsentiert werden. Gemäß der Projektfragestellung wurde der Schwerpunkt auf die ökologische Weltentwicklung gelegt: wie stellt sich den Managern die weitere Entwicklung der Welt unter dem Aspekt der Umweltthematik dar, welche Probleme werden als die drängendsten gesehen, welche Lösungsmöglichkeiten werden präsentiert, welche Rolle spielt dabei die Industrie?

5.2 Die allgemeine Weltentwicklung

Vorbemerkend ist hier zu sagen, daß "Weltentwicklung" im Kontext der Interviews mehrere Dimensionen umfaßt:

- die generelle Einschätzung, wohin sich die Welt entwickelt und welche Trends für die Befragten zu erkennen sind;
- die unterschiedliche Problemwahrnehmung und -hierarchisierung hinsichtlich der Weltentwicklung (Ökologie, Bevölkerungswachstum, Kriege usw.) und die jeweils daraus abgeleiteten Prognosen bzw. Lösungsansätze;
- jeweils spezifische Problemlagen, die vom Interviewten eingeführt wurden bzw. durch die Interviewer vorgegeben wurden.

Zu Beginn soll nun versucht werden, allgemeine Entwicklungseinschätzungen herauszuarbeiten, um in der Folge dann Differenzierungen und themenspezifische Gruppierungen vornehmen zu können.

5.2.1 Die Katastrophe der Dritten Welt

Einleitend dazu eine Textpassage aus einem Interview. Gefragt nach der weiteren Entwicklung der Menschheit, antwortet die Interviewperson:

> *"Aber da habe ich schon einige Sorgen um die kommenden Generationen, in vielerlei Hinsicht, es wird also wahrscheinlich in den nächsten Generationen enorm viel politischen Sprengstoff geben im Zug des Nord-Süd-Konflikts, arm und reich, ich glaube, also Europa wird sich auf die Dauer nicht abschotten können und, wenn wir sie nicht reinlassen, werden sie reinkommen, Europa wird also weder die Afrikaner, die Nordafrikaner, noch die Leute aus dem Osten auf die Dauer draußen halten können, das Problem ist wahrscheinlich, ob es gelingt, die Fehler der Vergangenheit auszugleichen vielleicht, und den Leuten dort das Leben in den eigenen Ländern so zu ermöglichen, daß sie gar keine Notwendigkeit mehr sehen, woanders hinzugehen" (9).*

Hier wird als zentrales Problem der weiteren Entwicklung der Menschheit der Nord-Süd-Konflikt angeführt: für die kommenden Generationen werde daraus viel politischer Sprengstoff resultieren, da sich Europa auf die Dauer nicht werde abschotten können gegen "eindringende" Afrikaner und Menschen aus dem Osten. Der Befragte verwendet das Wort "wir" im Zusammenhang mit Europa, setzt also eine Unterscheidung zwischen Europa und dem Rest der Welt, wobei die "Gefahr" regional spezifiziert wird. Europa wird also mit diesem Problem zu kämpfen haben, außer es gelänge, die Fehler der Vergangenheit (gemeint ist die Ausbeutung der Welt während der Kolonialzeit) auszugleichen, indem den Leuten in ihren Ländern ein Leben ermöglicht werde, sodaß sie keinen Grund mehr zur Wanderung sehen. Während der Kolonialzeit habe man diese Länder ausgebeutet und sie als *"Lieferanten für billige Grundmaterialien"* (ebenda) betrachtet, jedoch habe man in diesen Ländern keine Strukturen geschaffen, die das Leben dort lebenswert machten.

Die Frage sei nun, so der Interviewpartner, ob in der zur Verfügung stehenden Zeit alles nachholbar ist, andererseits

> *"Hat der Club of Rome vor etlichen Jahren auch gesagt, wir werden im Jahr 2000 alle verhungert sein, weil die Erde nicht genug Nahrungsmittel produzieren kann, und diese düstere Prophezeiung ist auch nicht eingetreten; vielleicht schaffen's, ich meine, der Mensch ist ja unheimlich anpassungsfähig, vielleicht schaffen's die zukünftigen Generationen doch hier Lösungen zu finden, bevor unwiederbringliche Schäden entstehen, aber ich verstehe auch die Indios, die sagen, wir müssen heute überleben, also holzen wir den Tropenwald ab, weil das sichert unsere Existenz von heute, mich interessiert, wenn ich heute verhungere, nicht, was in zwanzig Jahren sein wird mit der Menschheit natürlich gehöre ich auch zu den Leuten, die von ihren persönlichen Dingen nichts aufgeben wollen, und die Frage ist, ist eben wahrscheinlich, wenn wir, und ich glaube hier denke ich nicht wesentlich anders als der Durchschnittseuropäer, wenn wir unseren Lebensstandard beibehalten, wie kann man es schaffen, bei knappen Ressourcen den Standard weltweit in etwa so anzuheben, daß alle dort, wo sie gerade sind, zufrieden sind.*
> (I: Wie könnte das passieren?)
> *Tja, das weiß der liebe Gott und die Wissenschaftler auch nicht. Ich habe keine Vorstellung dazu, mir ist die Problematik zwar bewußt, oder eine Problematik bewußt, aber ich habe keine Lösungsansätze dafür"* (9).

In dieser Textpassage sind nun einige charakteristische Argumentationsfiguren enthalten, die auch in anderen Interviews (z.T. mit anderer Schwerpunktset zung) auftauchen:

- der Hinweis (die Hoffnung?), daß sich die düsteren Prophezeiungen nicht erfüllen; hier wird in mehreren Interviews auf nichteingetretene Prognosen des Club-of-Rome verwiesen und die Lernfähigkeit der Menschheit hervorgehoben;
- damit in Zusammenhang stehend die Vermutung, daß der "Mensch" ja sehr anpassungsfähig sei und zukünftige Generationen möglicherweise auch bei diesem Problem Lösungen finden werden;
- die gleichzeitige Einschränkung der Argumentation, daß z.B. das Abholzen der Tropenwälder durch die Indios zur kurzfristigen Existenzsicherung subjektiv verstehbar ist;
- die selbstkritische Einsicht, daß niemand Einschränkung üben möchte, seinen Lebensstandard erhalten wolle, was für alle Durchschnittseuropäer gelte;
- die Frage, wie es zu schaffen wäre, bei knappen Ressourcen den Lebensstandard weltweit deutlich anzuheben, um den Leuten keinen Auswanderungsgrund (und den Europäern keine Einwanderungsfurcht) zu geben;
- schließlich die resignative Haltung, daß zwar die Problematik bewußt sei, jedoch keine Lösungsansätze vorhanden sind.

Diese Argumentationselemente tauchen in verschiedenen Facetten auf, wenn Weltprobleme thematisiert werden. Von den Interviewpersonen wird als sehr zentrales (und mit dem obigen in Zusammenhang stehendes) Problem die *Bevölkerungsentwicklung im Weltmaßstab,* besonders in der Dritten Welt, hervorgehoben:

> *"Ich sehe, daß das Kardinalproblem bei all den Umweltthemen, die da diskutiert werden, in einem schwer lösbaren Problem, und und und folglich also, die die die die ganzen Umweltquerelen folglich also als als als Schattenboxen an Nebenfronten, denn das Kardinalproblem ist in meinen Augen die Übervölkerung der Welt. Und die Übervölkerung der Welt hat sich, ich meine zur Übervölkerung kam es, weil modernere Technik zuerst einmal den Leuten genug zu fressen gegeben*

hat, sodaß sie nicht mehr so schnell, nicht mehr so so schnell verhungern" (16).

In der Abwägung der Umweltthematik mit anderen Weltproblemen erscheint der Interviewperson angesichts der Übervölkerung der Welt die Auseinandersetzung mit Umweltfragen wie ein Schattenboxen an Nebenfronten. Die Übervölkerung sei das Kardinalproblem. Und zu dieser Übervölkerung kam es aus seiner Sicht, weil die moderne Technik den Leuten genug zu "fressen" gegeben hat und sie deshalb nicht mehr so schnell verhungerten. An einer anderen Stelle sagt die Interviewperson, daß die schlimmste Sünde des "weißen Mannes in der Dritten Welt" nicht die Kolonialisierung gewesen sei, sondern das Einführen einer besseren Hygiene, die zu einer dramatischen Bevölkerungsexplosion geführt habe. Befragt auf die Lösungsmöglichkeiten dieses Problems, antwortet der Interviewpartner:

"Hier sehe ich auch nicht, wie wir mit Helfen und mit mit mit dem blöden Gewäsch, das sind ja auch Menschen und unsere unsere Brüder - nein, die werden uns bei lebendigem Leibe auffressen, wenn man nicht aufpaßt, so lieb sind sie nicht, die kleinen Neger ich empfinde das auch als als als als absolut bedrohlich, nicht...ich mir nicht vorstellen kann, daß die lieben Negerlein also schön brav zu Hause verhungern werden, während in Europa die Bevölkerung stagniert - nein, sie werden sie werden sie werden halt einsickern, sie werden halt einsickern und und und die mehreren werden, und das ist eine Frage der Zeit, wann wir die dritte Türkenbelagerung haben, nicht" (16).

Welche *Ursachen* werden *für das Bevölkerungsproblem* angegeben? Ein Interviewpartner bringt zum einen die *Rolle der Kirche* in bezug auf Empfängnisverhütung als Grund vor, zum anderen die *mangelnde Bildung* in diesen Ländern. Bezogen auf Erfahrungen in Brasilien meint er:

"Was heute echte Drittländer einmal betrifft z.B. Brasilien, da muß ich ganz ehrlich gestehen, ich kenne Brasilien schon viele Jahre, ich war zwar jetzt zwei oder drei Jahre nicht in Brasilien, die Umweltprobleme

müssen katastrophal sein dort; also ich muß ehrlich gestehen, ich kann dort nur mehr auf auf ein ein Wunder vom Herrgott warten, daß sich das ändert. Ob wir, ob der Mensch fähig sein wird, diese Dinge dort noch ins Lot zu bringen, das ist mir, also da wüßte ich keine keine Lösung dafür, unsere Lösungsmöglichkeiten wären grundsätzlich übertragbar, es spielt in Brasilien sicherlich die Kirche eine Rolle mit dieser Problematik Empfängnisverhütung, das ist dort viel gravierender; die Kirche hat dort viel mehr Einfluß als bei uns, doch mit diesem Gedankengut hier, daß die Kirche die Empfängnisverhütung ablehnt, das spielt sicher eine große Rolle, obwohl natürlich eine vernünftige Empfängnisverhütung ja auch ein gewisses Bildungsniveau voraussetzt, die Kirche spielt eine gewisse Rolle aber, aber nicht nur; es spielt, es ist einfach das Bildungsproblem, das ist die Schwierigkeit" (1).

Die Geburtenexplosion wird einerseits durch mangelnde Bildung verursacht gesehen, andererseits wird immer wieder die Rolle der Kirche hervorgehoben bzw. die *andere Kultur*, die *andere Mentalität und Lebensphilosophie* der Menschen dort:

"Das Problem ist, daß in sehr vielen Kulturen Kinderreichtum als etwas Existenzsicherndes und Erstrebenswertes gesehen wird, denken Sie an die Chinesen, die also, den Segen der Götter sich ausdrücken sehen in der Zahl der Nachkommen, und die chinesische Regierung erhebt sozusagen Strafzoll auf die Familie, die mehr als ein Kind hat, also hier sind wahnsinnige Widersprüche, ich weiß nicht, ob die zu lösen sind, dann fährt also ein Papst herum in Südamerika und in Afrika und sagt also, Empfängnisverhütung ist ganz was Fürchterliches, ja, das mag von seinem religiösen Standpunkt aus vielleicht sich so darstellen, aber projiziert auf die Entwicklung der Welt als lebender Organismus ist das eine Katastrophe, solche Aussagen, und das ist eben die Frage, ob man den Leuten in den Entwicklungsländern klarmachen kann oder, oder ihre Kulturen so verändern" (9).

Weitere Gründe für die Bevölkerungsentwicklung werden in den *Industrieländern selbst* gesehen: sie hätten die Menschen zu früh in die Selbständigkeit entlassen, wodurch früher funktionierende Volkswirtschaften zerstört wurden (8); auch würden die Europäer den Afrikanern Medikamente bringen, um die Säuglingssterblichkeit einzudämmen, was auch nicht gerade bevölkerungsreduzierend sei (15).

Gibt es nun Vorstellungen über *Lösungsmöglichkeiten dieses Problems?* Sehr viele Interviewpartner sind angesichts der Massivität des Problems *pessimistisch* und können sich *keine Lösung dieses Problems* vorstellen; andere wiederum hoffen bzw. erwarten eine Lösung, die von der Natur selbst vorgenommen wird. Diese *"natürliche" Lösung* bestünde in Seuchen, Hunger- und Umweltkatastrophen:

> *"Na ja, im Moment wirkt wirkt ja teilweise das Klima noch ziemlich regulierend, ja, und wenn heute die übrige Welt nicht besondere Interessen an Afrika hätte, sondern wenn man die also alleine ließe, ja, dann würden die wahrscheinlich nicht so leicht explodieren, weil eben, ich meine, das klingt jetzt hart, jedes Jahr ein paar Tausend, ein paar Hunderttausend verdursten und verhungern"* (15). Nur ein *"gigantischer Schmerz"* (12), ein *"Wunder vom Herrgott"* (1) könnten hier Abhilfe schaffen.

Positive Lösungsansätze konzentrieren sich vor allem auf das Bildungsproblem bzw. damit zusammenhängend die Notwendigkeit, in diesen Ländern *"Aufklärungsarbeit"* (7) zu leisten, und zwar indem die Leute *"bei uns"* ausgebildet werden und dann wieder in ihre Länder zurückgehen.

Als wichtig wird auch die *wirtschaftliche Entwicklung dieser Länder* angesehen; man müsse die Menschen auf einen Standard bringen, und zwar nicht in arroganter Manier seitens der hochentwickelten Staaten, sondern durch das Anerkennen, daß diese Länder auf jenem Standard stehen, auf dem "wir" vor 200 Jahren gestanden haben (7). Den Industrieländern fehle oft das Kulturverständnis für die Länder der Dritten Welt (13); es gehe nicht um westliche

Zwangsbeglückung, sondern um Hilfe zur Selbsthilfe, um die Ermöglichung ökonomischer Selbständigkeit, um die Erweiterung der Ausbildungsmöglichkeiten (13).

In diesem Zusammenhang wird auch auf die *Vernetzung der Ersten mit der Dritten Welt* hingewiesen:

> *"Ich halte die Probleme für lösbar nur dann, aber nur dann und wahrscheinlich kann man da Bedingungen angeben, ja, wenn die Erste Welt, wenn die Erste Welt erstens einmal weiß, daß sie, daß sie mitgefordert ist in dem, sie kann nicht zuschauen wie sich das, ja, eine Erforderung ist, sie muß runter von dem kulturellen Niveau, die muß runter, ja, also da muß, die Erste Welt muß verzichten und zwar ganz global auf auf unsere Uneffizienz, ja, auf unsere Ressourcenausbeutung, wir müssen runter, wir müssen runter von unserem kulturellen Niveau. Ja, aber das müssen Sie erst; das müssen Sie ja jemandem beibringen, also die Erste Welt muß runter von ihrem Niveau" (14).*

Neben dieser Selbstverpflichtung der Industrieländer wird aber auch *Kritik an den betroffenen Ländern* geübt, die für Entwicklungshilfegelder Waffen kaufen würden und damit Entwicklungen verhinderten.

Trotz dieser partiellen Lösungsansätze wird die Problematik der Bevölkerungsentwicklung doch weitgehend als mit menschlichen Mitteln unlösbar angesehen, was entweder resignativ bedauert wird oder kognitiv und regional von den anderen Problemen abgespalten wird.

Die Probleme der *Bevölkerungsexplosion* werden aber großteils nicht isoliert, sondern auch im Zusammenhang mit der *wirtschaftlichen Situation* und der *Umweltproblematik* gesehen. Generell wird aber eine klare Trennungslinie zwischen der Dritten Welt (besonders Afrika, Lateinamerika und Südostasien) gezogen, die durch eine spezifische Problemlage gekennzeichnet sei, und den

Problemen Europas und des ehemaligen Ostblocks (wobei teilweise auch Interdependenzen gesehen werden).

Welche *weiteren Problemdimensionen* werden nun *in der Dritten Welt* geortet?

Die Zukunft wird wegen der Entwicklungsnotwendigkeiten negativ interpretiert: die Entwicklungsländer machten wirtschaftlich Fortschritt unter negativen Vorzeichen, indem sie mit Gewalt ein paar hunderte Jahre aufholen wollen, Geld investieren und dabei die Umwelt ruinieren. In der Dritten Welt sei auch die *Kriegsgefahr* am größten:

> *"Vor allem die Dritte Welt und diese, ich meine, diese ganzen, diese ganzen Problemgebiete, ich meine, wo einfach die Leute nichts zu verlieren haben, bitte, überall dort, wo die Leute nichts zu verlieren haben, ist die Gefahr am größten, weil was sollen die verlieren, das nackte Leben, mehr können sie eh nicht verlieren, ja, und das ist ihnen vielleicht oft gar nicht soviel wert, weil es ihnen so miserabel geht, also, bevor mir der Hungertod droht, riskiere ich wahrscheinlich allerhand, nicht, also dadurch, ist immer dort die Gefahr am größten, wo es den Leuten sozial am schlechtesten geht, also wo, wo die Leute in Massen verhungern, dort finde ich, ist die Gefahr am größten, und daher wäre es sicherlich wichtig, daß man die wirtschaftliche Situation der ärmsten Länder irgendwie in den Griff kriegt" (10).*

Der *Zusammenhang von Hunger, Armut, Naturzerstörung, wirtschaftlichen Fehlentwicklungen* wird in mehreren Interviews hergestellt:

> *"Ich glaube, daß wir nach wie vor die Problematik haben, daß wir ein sehr starkes Gefälle haben auf dieser Erdkugel und wir Wirtschaftssysteme in Zukunft einfach anders sehen müssen, wir sitzen im Grunde genommen auf einem Pulverfaß, wo das, das Pulver sind die Millionen Menschen, die in wirtschaftlichen Umständen leben, die aus unserer heutigen Sicht nicht tragbar sind und die Lunte dazu sind wir,*

und irgendwann könnte das durchaus Feuer fangen, warum die Lunte wir sind, meine ich damit, weil wir eigentlich...aus ganz offensichtlichen Überlegungen heraus für jene, denen es wirtschaftlich nicht so gut geht, der Stein des Anstoßes sind" (6).

Der *Zusammenhang von Umweltzerstörung und wirtschaftlichem Niveau* wird öfters thematisiert: die Menschen in der Dritten Welt müßten ja ihre Ressourcen ausbeuten, da sie sonst keine Möglichkeiten hätten, ihren Lebensunterhalt zu verdienen; die Regenwaldabholzung z.B. geschehe ja nicht deswegen, weil die Menschen bewußt die Natur zerstören wollten, sondern weil sie nicht verhungern wollen.

Sieht man von den Interviews ab, in denen eine ausschließlich pessimistische Sicht der Dinge vertreten wird und dementsprechend entweder keine bzw. nur von Menschen nicht beeinflußbare Lösungen der Probleme vorgestellt werden, so kann sich dieser Interviewpartner zumindest vorstellen, daß Lösungen möglich sein könnten, auch wenn sie angesichts der Immensität der Probleme unrealistisch erscheinen.

Welche *Voraussetzungen* müßten gegeben sein, damit *Lösungsansätze* greifen können? Zum Teil wird davon ausgegangen, daß die Industrieländer zumindest teilweise mit schuld sind an der aussichtslosen Lage der Länder der Dritten Welt. Die Industrieländer müßten die Fehler der Vergangenheit ausgleichen, um den Menschen in ihren Ländern ein menschenwürdiges Leben zu ermöglichen. Wie dies vor sich gehen soll, darüber sind allerdings nur marginale Vorstellungen vorhanden.

Ein Interviewpartner meint, daß man die *Vernetztheit der Probleme* berücksichtigen und prozeßhaft denken müsse:

"Solange also der Indianer dort, davon lebt, daß er sich ein Stück Land durch Abbrennen urbar macht und dann wieder weiterzieht, wenn halt die Erde leer ist unter Anführungszeichen und ich ihm nichts anbieten kann alternativ, wird er das tun, sonst wird er dort

zugrunde gehen, und man muß sicher immer überlegen, ob man nicht den Teufel mit dem Belzlebub austreiben will, also das wär so der, der, der generelle Ansatz und daher kann ich auch nicht sagen, wie soll das geschehen, in der ganzen Vernetztheit muß man sicher einmal bei einem Knoten dieses Netzes anfangen und dann überlegen, wie sich die Wirkungen auf andere Netze auswirken, dort wieder verstärken oder eben abschwächen, damit das, in der, wie ich gemeint habe, flächendeckenden Art überhaupt möglich wird" (5).

Daß nicht den betroffenen Menschen, die am Hungertuch nagen, ein Vorwurf gemacht werden dürfe, darüber sind sich viele Interviewpartner im klaren. Daß es nicht im Sinne der Bevormundung passieren solle, darüber herrscht auch Einverständnis. Wie dann? Die Industrieländer müßten Alternativen anbieten und Vorbild sein (5), mehr Aktivitäten an der Basis schaffen, Ausbildungsmöglichkeiten verbessern und Anreize zur Selbstverantwortlichkeit initiiern (7), Wirtschaftshilfe leisten (10), Konzepte zur Eigeninitiative anregen (13). Außerdem müßten die Industrieländer selbst *"zurück zur Basis"* (6), d.h. mit dem auskommen lernen, was sie haben bzw. ihre Ressourcenverschwendung einstellen und ihr kulturelles Niveau absenken, um nicht den Dritte Welt-Ländern ein negatives Vorbild zum Nacheifern zu geben (14). Auch sei es wichtig, von der Vorstellung eines unbegrenzten Wachstums, vom *"reinen Expansionsdenken"* wegzukommen (13).

Wie es nicht zu machen sei, dies zeige die *bisherige Form der Entwicklungshilfe*, die von den meisten auch sehr *kritisch* gesehen wird. Ein Beispiel:

"Ich glaube, da liegt eine ganz entscheidende Verantwortung eben bei den reichen Industriestaaten, daß die also vielleicht in der in der Wirtschaftsunterstützung ja generell umdenken und Wirtschaftshilfe vielleicht nicht in dem Sinn betreiben, wie es bis jetzt der Fall war, wo teilweise Prestigeobjekte völlig sinnlose irgendwo in einem Urwald hingestellt wurden, sondern man einfach wirklich, wie soll ich sagen, örtlich angepaßte Hilfemaßnahmen treffen und zwar Hilfe zur Selbsthilfe, also ich halte relativ wenig davon, jetzt irgendeine

Notsituation abzudecken, sondern den Leuten Möglichkeiten zu geben, sich selbst zu helfen, das würde ich als als primäres Ziel ansehen" (13).

In diesem Kontext wird auch Kritik an den Weltbank-Konzepten der Entwicklungshilfe geübt. Zum Problem der falsch angelegten Entwicklungshilfe kämen allerdings auch *selbsterzeugte Probleme der Entwicklungsländer:* Gelder würden statt für Entwicklung für den Ankauf von Waffen verwendet (9), politische Unruhen und sozial-religiöse Auseinandersetzungen schafften Probleme (11), die Mentalität und Lebensweise dieser Menschen wären auch teilweise Hemmnisse von Entwicklung (15).

Wenn wir nun die bisherigen Ausführungen zusammenfassen, so zeigen sich folgende Tendenzen in den Interviews:

In einem Großteil der Interviews zeigt sich eine ziemlich *pessimistische Grundhaltung*, was die Weltentwicklung anbelangt. Die Komplexität und Globalität vieler Probleme wird vor allem in der Dritten Welt als unlösbar wahrgenommen, es herrscht große Skepsis bezüglich der Entwicklungsmöglichkeiten, und viele Probleme der Dritten Welt, der Entwicklungsländer, werden besonders für Europa als bedrohlich interpretiert.

Unterschiede zeigen sich insbesondere in der Frage, welche Ursachen dem Problem zugeschrieben werden und welche Lösungsmöglichkeiten vorstellbar sind. Hier lassen sich grob drei Richtungen unterscheiden:

1. eine *generell pessimistische*, die sich von der Globalität und Immensität der Probleme überwältigt zeigt und keine Lösungswege sieht; diese "katastrophische Weltsicht" wird begleitet mit Vorstellungen von Naturkatastrophen, Hungersnöten, Seuchen u.ä., die gleichsam diese Trends, wenn schon nicht aufhalten, so doch verlangsamen könnten; oder es wird ein bestimmtes Menschenbild gezeichnet, das dem Menschen negative Eigenschaften zuschreibt, also die katastrophischen Entwick lungstrends quasi "anthropologisiert";

2. eine *relativ pessimistische Sicht*, die zwar die Immensität der Probleme darstellt, jedoch in etwas selbstkritischer Weise die Industrieländer bezüglich ihres Anteils an dieser Problematik nicht freistellt, sondern deren Mitanteil berücksichtigt; hier werden trotz vieler negativer Entwicklungen einige Lösungsvorstellungen angeführt, wie z.B. Ausbildung, veränderte Wirtschaftshilfe usw.; diese Lösungsansätze reichen allerdings meist über Schlagworte nicht hinaus; die bisherige Entwicklungshilfe wird kritisch betrachtet; auch hier wird Katastrophen eine "reinigende Wirkung" zugeschrieben, welche die Lernkapazitäten von Menschen und Gesellschaften antreiben wird;

3. eine *optimistische Sichtweise*, die zwar einige gravierende Probleme zu sehen vermeint, letztlich aber durch menschliche Anstrengung, technisches Know-How und eine positive Zukunftssicht die prinzipielle Lösbarkeit in Aussicht stellt; diese Position ist allerdings nur marginal wahrnehmbar.

Auffällig bei allen drei Richtungen ist:

- daß die Vernetzung der eigenen Industrie kaum thematisiert wird bzw., daß weltwirtschaftliche Konstellationen relativ unberücksichtigt bleiben;
- daß viele Probleme monokausal interpretiert werden;
- daß die Problematik der Entwicklungsländer deutlich vom eigenen Handeln, vom eigenen unternehmerischen Horizont separiert wird;
- daß eine weitere Differenzierung zwischen unlösbaren Problemen (Bevölkerungswachstum) und solchen, die lösbar erscheinen, vorgenommen wird;
- daß es im Unterschied zu anderen Bereichen und Lebenswelten an Ideenreichtum und Kreativität mangelt;
- daß letztlich eine weitgehend katastrophische Sichtweise bzw. ein Kapitulieren vor den Problemen sichtbar wird.

Anders schaut nun die Lage aus, wenn es um die Entwicklung Osteuropas geht. Hier ändern sich die Perspektiven grundsätzlich.

5.2.2 *Osteuropa und der unternehmerische Auftrag*

Mit der Öffnung der ehemaligen Ostblockländer in Richtung marktwirtschaftlicher und demokratischer Strukturen ist das Konkurrenzverhältnis zweier Systeme aufgelöst worden. Wie sehen nun die Manager diese Entwicklung, wie werden die ökologischen Probleme des Ostens interpretiert, wie wird in diesem Zusammenhang das eigene unternehmerische Handeln thematisiert?

Beginnen wir mit einem Zitat aus einem Interview:

> *"Eigentlich dieser wunderschöne Auftrag an dieses Szenario in Osteuropa, das ein ganz ein tolles Szenario ist, und wir haben ja, speziell jetzt in Österreich, nur national gesehen ja, schon sehr viel getan. Unsere Gewässer sind heute wieder in Ordnung gebracht, wir haben haben eine führende Rolle im Individualverkehr übernommen, wir haben auch als erste gesagt, okay, keine Atomkraftwerke mehr, wir haben heute Entschwefelungsanlagen auf allen kalorischen Kraftwerken und haben auch ein ein Umweltschutzgesetz, das wirklich sehr hoch angesiedelt ist; und haben da auch eine Vorreiterrolle meiner Meinung nach übernommen, natürlich gibt es da viele Ressourcen und Verfeinerungstätigkeiten, aber man soll dann nicht so pessimistisch sein, wenn man eh schon eine Führerrolle eigentlich übernommen hat. Und jetzt können wir diese Führerrolle auch noch transportieren, und speziell eigentlich in ein in in Landstriche transportieren, die ja irrsinnig gefährdet sind, nicht, eben das sogenannte Osteuropa. Ja, und dann, jetzt ich in meiner Funktion als Manager trage diese Gedanken heute in die ehemalige DDR, ich trage sie in die Tschechoslowakei, ich trage sie nach Ungarn, eben in verschiedenste Szenarien, Symposien und versuche, die Leute für diese Hauptaufgabe zu motivieren. So, da leiste ich einen Beitrag, dieser Beitrag macht mir irrsinnig Spaß, es ist nämlich so diese Hilfestellung" (3).*

Die Öffnung des Ostens bedeutet aus dieser Sicht einen Auftrag, in diesen Ländern beim Aufbau mitzuhelfen und die Leute dort zu motivieren. Angesichts der Vorreiterrolle Österreichs in vielen Umweltschutzbereichen, angesichts dieser "Führerrolle" solle man nicht pessimistisch sein, sondern diese Rolle transportieren, und zwar in gefährdete Landstriche, nämlich das sogenannte Osteuropa. In seiner Funktion als Manager werde er da tätig und versuche, eine Hilfestellung zu leisten, die Leute zu motivieren. Dies bedeutet vor allem (was an anderer Stelle gesagt wird), daß er mit der Produktpalette seines Unternehmens versucht, in Osteuropa den Leuten das Leben zu erleichtern und auch ökologischere Lebensbedingungen zu schaffen.

Dieses Beispiel kann als prototypisch für die Einschätzung der Entwicklung Osteuropas inmitten der Weltentwicklung durch unsere Interviewpartner angesehen werden. Generell wird *Osteuropa als "Hoffnungsland"* sowohl in wirtschaftlicher als auch in ökologischer Hinsicht wahrgenommen, was auch dadurch zum Ausdruck kommt, daß zahlreiche Unternehmen, deren Manager wir befragt haben, bereits Aktivitäten in Osteuropa gesetzt haben bzw. diese aufzubauen im Begriff sind. Unterschiede in den Einschätzungen betreffen vor allem die Sanierungsdauer, die wirtschaftliche Entwicklung, die Gewichtung der ökologischen Probleme usw. Teilweise wird die Lage in diesen Ländern mit jener einiger Entwicklungsländer gleichgestellt, wobei die Probleme in ersteren im Unterschied zu letzteren aber als prinzipiell lösbar eingeschätzt werden.

Wie wird nun die gegenwärtige Situation in den ehemaligen Ostblockländern eingeschätzt, welche Probleme werden geortet?

Generell wird die *Sanierung der osteuropäischen Wirtschaft und Gesellschaft als großes Problem* angesehen. Die Wirtschaft erscheint in einem katastrophalen Zustand: veraltete Technologien, wenig Wirtschaftswachstum, zu hoher Energieverbrauch, fehlendes Know-How, keine Konkurrenzfähigkeit; die Zerstörung der Umwelt ist fortgeschritten und außerdem ist kein Kapital vorhanden. Beispielhaft ein Zitat:

"Ich finde, daß die den gleichen Fehler gemacht haben, wie bei uns vor dreißig Jahren, ökologisch total ruiniert, langfristig wird man es lösen müssen; kurzfristig kann man es eh nicht lösen; das ist die Frage natürlich ein riesiger Kapitalbedarf, wofür verwenden wir ihn; aber zum Sanieren der Wirtschaft gehört auch die Sanierung dieser dieser negativen Auswirkungen, weil natürlich die Bevölkerung ja nicht nur einen Anspruch auf höheren Wohlstand, sondern einfach, daß sie die Umwelt sanieren,...was sicher nicht aus eigener Kraft geht sie sind ja nicht nur ökologisch, sondern sie sind auch wirtschaftlich nicht wettbewerbsfähig; und das ist ja irgendwo der Beweis, daß umweltgefährdende Betriebsweise nicht unbedingt wirtschaftlich von Vorteil ist, trotz unserer wesentlich strengeren Auflagen ist halt eine wesentlich höhere Wertschöpfung da als drüben" (8).

Umweltzerstörung, fehlendes Kapital und mangelnde Wirtschaftlichkeit lassen einen großen Problemhorizont erscheinen. Kurzfristig seien diese Probleme nicht zu lösen, langfristig wird man sie lösen müssen. Dies könnten die Länder aber nicht aus eigener Kraft, sondern nur durch fremde Hilfe. Bei dieser Problemeinschätzung wird der Osten gleichzeitig auch als Negativfolie verwendet, um die Vorteile der kapitalistischen Wirtschaftsweise hervorzuheben, die eine Verbindung von Wirtschaftlichkeit (höhere Wertschöpfung) und Umweltschutz ermögliche. Auch ein anderer Interviewpartner ist von der *Verbindung von Marktwirtschaft und ökologischer Verträglichkeit* überzeugt:

"Insbesondere die armen Industrien, ja, und das sind die kleinen; oder die Armen im Osten; es gibt im Osten keinen Umweltschutz, weil die sich das gar nicht leisten können; also große Industrien, die am am, also auf der Höhe der Zeit operieren und weil sie auf der Höhe der Zeit operieren, also Überschüsse erwirtschaften, sind ökologisch" (14).

Trotz der großen Probleme sind die Interviewpartner durchgehend der Meinung, daß es diese Länder schaffen werden, westliches Niveau zu erreichen, und zwar - und hier ist die Einschätzung erstaunlicherweise weitgehend ähnlich - in ca. 10 Jahren. 10 Jahre ist der Zeitraum, innerhalb dessen die

Wirtschaft zu sanieren sei, die Menschen adäquate Konsummöglichkeiten haben werden und die Umweltzustände Verbesserungen erfahren werden.

Öfters wird "der Osten" aber in sich differenziert gesehen: während die Entwicklungsmöglichkeiten der Nachbarstaaten Österreichs moderat optimistisch gesehen werden, wird für die Entwicklung Rußlands zumeist eine unklare Zukunft gezeichnet; zu unsicher sei die Zukunft, um etwas vorhersehen zu können bzw. Handlungsmöglichkeiten abschätzen zu können.

Was sind nun die *Voraussetzungen einer Entwicklung* der Länder Osteuropas, was soll bzw. wird der Westen hier tun, welche Rolle spielen die westlichen Unternehmen?

Zum einen ist der *Wissenstransfer* sehr wichtig:

> *"Ich würde glauben, das was diese ehemaligen Ostblockländer betrifft, daß es da, ja sicher ganz Europa zusammenhelfen wird müssen, aber daß es uns hier schon gelingt, einfach das Know-How hier zu transferieren, ob das jetzt unter wirtschaftlichen Voraussetzungen oder einfach menschlich oder mit persönlichem Geschick; das ist ein zweiter Aspekt, was ich sehr positiv in diesem Zusammenhang finde; daß wir jedesmal verschiedene...hier Kurse machen für Ostmanager usw. Ich glaube, daß das ein Weg ist, um das relativ kostengünstig für die Ostländern dieses Wissen hier zugängig zu machen" (1).*

Neben der Wissensvermittlung äußert sich der "Auftrag" an die westlichen Unternehmer vielfältig: Mithelfen, Motivieren, Überzeugen, Sanieren, Finanzieren seien sie Aufgaben, die der Westen zu bewältigen habe. Voraussetzung der Entwicklung ist die *Hilfe der Europäer und Österreicher,* wobei die Möglichkeit zu dieser Hilfe zum Teil sehr euphorisch gesehen wird wie z.B.: es sei *"sensationell und aufregend"*, *"hochinteressant"*, *"eine große Herausforderung"* (16), ein *"wunderschöner Auftrag"* (3), *"wir haben sehr sehr viel an Verantwortung"* (6).

Wichtig ist auch die *gemeinsame europaweite Finanzierung.* Bezogen auf die Umweltproblematik zeigt sich im Hinblick auf die Finanzierung ein Bild konzentrischer Kreise: die Möglichkeiten und Prioritäten gehen von Europa über Osteuropa bis zur Dritten Welt:

> *"Die Umweltproblematik, glaube ich, wird sich eben noch zunehmend in die armen Länder verlagern, wir in Europa werden bald über'n Berg sein, Umwelt, vom Umweltthema her, also ich glaub' durchaus, daß bei uns man das Waldsterben in den Griff kriegen wird und, und diese Probleme, weil wir einfach die, die technischen und wissenschaftlichen Kapazitäten dafür haben und auch das Geld, das dafür letzten Endes noch, wir sind so enorm reich, daß wir das werden finanzieren können, aber wir werden es nicht weltweit finanzieren können, das wird die Problematik sein. Wir haben jetzt schon Schwierigkeiten, den Russen auf die Beine zu helfen und den, den, den Tschechen und den Ungarn und weiß der Teufel, dem ganzen ehemaligen Ostblock weiterzuhelfen, aber irgendwann einmal werden wir es nicht mehr zahlen können" (9).*

Da die Finanzierung kein leichtes Unternehmen sei, müßten auch die Länder den Unternehmen entgegenkommen und die Bedingungen für eine Entwicklung bereitstellen, indem sie *"fremdes Kapital ins Land lassen"* (16) und den westlichen Unternehmen auch Erwerbsmöglichkeiten in Aussicht stellen.

Sanierung kann aber auch bedeuten, die jetzige technische Infrastruktur mit dem Bulldozer wegzuschieben und mit neuer Technologie, die sauberer und moderner ist, wieder anzufangen. Denn die alten Technologien zu sanieren, sei *"verlorene Liebesmüh"* (16), die alten Fabriken könne man nur zusperren,

> *"Und zwar nicht, weil sie soviel Dreck macht, sondern ganz einfach, weil's weil's unwirtschaftlich ist, weil's sich nicht rechnet. Und deshalb hoffe ich und sehe in meinem optimistischen Weltbild eine gewisse Sanierungsautomatik" (16).*

Als weitere Entwicklungsbarriere komme dazu, daß im Osten die Bewußtseinsbildung in Richtung Marktwirtschaft noch nicht so weit fortgeschritten sei. Die *fehlende Motivation*, die Ziellosigkeit der Menschen und Politiker stellen sich als Problem dar:

> *"Für was arbeitet der dort, was was hat er für einen Auftrag, was. Der junge Mensch, der heute über die Medien einen eine irrsinnige Information bekommt, aber, für was soll er arbeiten - und dort ist eigentlich das Hauptproblem. Er hat einmal alle Standardgegebenheiten erfüllt, er hat genug zu essen, zu trinken und - nehmen wir ganz Osteuropa her: sie haben alle gewußt, was sie nicht wollen; es hat bis heute noch keiner gesagt, was er will, und dort ist auch das Hauptproblem. Es sind lauter Künstler, Schriftsteller und und und Philosophen am Werk, es hat noch keiner gesagt, was wir ab morgen tun müssen oder z.B., für welches Wirtschaftssystem wir uns entschließen. Wir sagen, die haben sich für den Kapitalismus entschlossen, das ist überhaupt nicht wahr. Niemand hat sich dort für irgendetwas entschlossen, überhaupt niemand, die Leute sind noch gar nicht daraufgekommen, in den Betrieben dort, ganz ziellos. Sie wissen nicht, für was sie arbeiten sollen. Und das ist eigentlich das Problem" (3).*

Generell kann gesagt werden, daß trotz immenser Problemlagen die ehemaligen Ostblockländer (zumeist mit Ausnahme der GUS, da hier die weitere Entwicklung noch nicht absehbar sei) als marktwirtschaftliche "Hoffnungsländer" gesehen werden, die mit der Hilfe des Westens und dem Abbau eigener Motivations-, Bewußtseins- und Wirtschaftsbarrieren in ca. 10 Jahren dem westlichen Niveau angenähert sein werden. Auffallend ist, daß durchwegs eine altruistische Haltung zum Ausdruck gebracht wird ("großer Bruder hilft kleinem Bruder") und eigene Marktbestrebungen und Profitinteressen nicht ins Kalkül gezogen werden.

5.2.3 Westeuropa und Österreich als ökologische Vorreiter

Dieser Abschnitt wird eher kurz gehalten, da viele österreichbezogene Aspekte bereits in der beruflichen und privaten Lebenswelt thematisiert worden sind (vgl. die entsprechenden Kapitel). Hier soll auf Österreich nur insoweit eingegangen werden, wie es in die Weltentwicklung verstrickt bzw. von dieser abgekoppelt gedacht wird.

In der Einschätzung der Weltentwicklung nimmt Österreich, zumeist in einem Atemzug als Teil Westeuropas genannt, einen wichtigen Teil ein. Österreich wird zumeist als "Musterland" ökologischer Zustände und Problemlösungen gepriesen (bzw. manchmal auch kritisch als zu weitgehend eingeschätzt). Österreich wird dabei als Teil Westeuropas gesehen, das sich entwicklungsmäßig in ähnliche Richtung bewege. Davon unterschieden wird Osteuropa, das zumeist als "Hoffnungsland" neuer Märkte und "Lehrling" für ökologischere Umgangsweisen gesehen wird; Osteuropa habe immensen Aufholbedarf, könne dies aber mit Hilfe Westeuropas schaffen. Wie schon oben gezeigt werden von Europa die Dritte Welt/Entwicklungsländer mehr oder weniger abgekoppelt und katastrophenszenarisch interpretiert.

Wie wird nun die Rolle Österreichs und Westeuropas (auch als Standort und Basis des eigenen Unternehmens bzw. als Lebensumwelt) in den Weltinterpretationen gesehen?

Zuerst die generelle Einschätzung: Österreich als Teil der Länder Westeuropas und teilweise in ökologischen Belangen über diese hinausgehend wird als *ökologischer Vorreiter* wahrgenommen. Diese Vorreiterrolle kann sich in vorbildlicher Umweltgesetzgebung äußern, in fortschreitendem Umweltbewußtsein der Bevölkerung, in ökologischerer Produktion der Wirtschaft (z.B. weniger Emissionen) und in vielen Maßnahmen, die zur Verbesserung des Naturschutzes gemacht worden sind (z.B. Gewässerreinigung usw.).

Österreich wird als führend in ökologischen Belangen eingeschätzt, was aber auch mit erhöhtem ökonomischen Aufwand zusammenhänge: höhere Preise, höhere Steuern. Die *Verbindung von Ökologie und Ökonomie*, die Frage, wer Umweltschutz bezahlen soll, wird uns später noch genauer beschäftigen. Auch in Zukunft wird es in Österreich (noch) besser:

> *"Ich glaube, daß wir in den letzten zehn, fünfzehn Jahren Riesenschritte vorwärts gemacht haben, ich glaube, daß das auch so weitergehen wird, ich glaube, daß wir gezielt an diesen Problemen mehr arbeiten, ich habe das eigentlich sehr positiv gefunden, z.B. wie die Fluorkohlenwasserstoffe aus den ganzen Spraydosen, aus der Geschichte heraus, wie die eigentlich rapid aus den Supermarktregalen verschwunden sind, ich glaube, daß unser Bewußtsein in der Hinsicht immer mehr zunehmen wird" (6).*

Einerseits werden bei uns das Bewußtsein und entsprechende Praktiken zunehmen, auch weil sich die Staaten Westeuropas den Umweltschutz aufgrund der *wirtschaftlichen und technologischen Standards* leisten können. Diese *generell optimistische Sicht* der Entwicklung in Österreich wird in fast allen Interviews mit unterschiedlichen Akzenten vertreten. Gleichzeitig werden aber bestehende Probleme aufgezeigt, die jedoch im großen und ganzen als lösbar angesehen werden. Die jeweiligen *Lösungskonzepte* sind unterschiedlich akzentuiert.

Ein großer Stellenwert bei der Lösung ökologischer Probleme wird dem *Marktmechanismus* zugeschrieben:

> *"Glaube ich, ist der Markt das klassische, das beste Mittel der Regulierung ist, vielleicht mit, mit gewissen Rahmenkomponenten, mit gewissen volkswirtschaftlichen Steuerungskomponenten" (13).*

Aus der freien Marktwirtschaft könne man lernen,

"daß man als positiv einstufen kann, daß eben doch immer der Preis eine Rolle spielt, ist es wirklich wichtig, daß man Ökologie und Ökonomie verbindet" (2).

Der durch volkswirtschaftliche Steuerungsinstrumente "gezähmte" Markt und der *Preismechanismus* werden als wichtige Lösungskomponenten ökologischer Probleme angesehen.

Auch dem *Konsumenten als Marktteilnehmer* werden große Lernkapazitäten zugetraut: beispielweise könnte der Konsument beim Einkaufen durchaus die Annahme der Verpackung verweigern:

"Es verpflichtet mich kein Gesetz, daß ich das nehme; ich kaufe ja die Ware, nicht die Verpackung; und wenn ich mir denke, daß für die Verpackung wesentlich mehr ausgegeben wird als für das Produkt" (7).

Insbesondere den kaufkräftigen Konsumentenschichten wird eine große Marktmacht in ökologischer Hinsicht zugestanden, da sie diejenigen seien, die das ausgeprägteste Umweltbewußtsein hätten und außerdem ökonomisch in der Lage wären, sich auch teurere ökologische Produkte zu leisten.

Im Vordergrund bei der Lösung ökologischer Probleme wird also der Marktmechanismus bzw. die Preisbildung gesehen: Umweltschädigung müßte mehr kosten, müßte einen "gerechten" Preis haben, umweltfreundliche Produkte müßten billiger werden. Momentan sei es allerdings noch umgekehrt. Ökonomie und Ökologie müßten verbunden werden, dann wäre auch die Lösung schwieriger Probleme möglich.

Dem Marktmechanismus alleine jedoch wird *Skepsis* entgegengebracht: die Wirtschaft wehre sich gegen Belastungen und Eingriffe, Lobbies und Interessengruppen haben maßgeblichen Einfluß (13) und auch viele Konsumenten sind zumeist aus ökonomischen Gründen nicht imstande, ökologischer zu kaufen und zu leben. Das ökonomische System sei momentan dominant, es herrsche eine Monokultur des Ökonomischen, weshalb ein von außen kommendes Kontrollsystem notwendig sei, z.B. das politische System (14).

Aus diesem Grund werden große Erwartungen an den *Gesetzgeber* formuliert: durch entsprechende *Umweltgesetze* bzw. über *Steuerabgaben* müsse der Staat *Rahmenbedingungen* setzen, um die Lösung ökologischer Probleme voranzutreiben. Ein Interviewpartner fordert unter dem "Schlagwort Ökosteuern" von der Politik:

> *"Man muß eben Dinge, die umweltschädlich oder die insgesamt für die nachfolgende Generation zu Schwierigkeiten führt, eben entsprechend sanktionieren und positive Dinge entsprechend honorieren und entsprechend das Umfeld aufbereiten, sodaß da sinnvolle Akzeptanz geschaffen wird" (13).*

In vielen thematischen Dimensionen werden große Erwartungen an den Gesetzgeber formuliert, denen er jedoch aus *politikstrukturellen Defiziten* nur partiell nachkommen könne: Rücksicht auf Wählerstimmen, Berücksichtigung von Lobbyinteressen, mangelnde Durchsetzungsfähigkeit und fehlende Kompetenz der Politiker relativieren diese Erwartungen (vgl. 5.3.1).

Es gibt jedoch Bevölkerungsgruppen, die aus der Sicht der Manager den Prozeß der Ökologisierung vorantreiben und befördern werden: *bewußte Minderheiten, Eliten, vorbildliche Politiker* und zum Teil auch die *Grünbewegung.* Die *Vorbildwirkung* von in der Öffentlichkeit stehenden Personen wird hervorgehoben und teilweise auch die Rolle der Grünbewegung als avantgardistisch betont. Sie habe in kleinen Bereichen ein Umdenken bewirkt und Druck auf die herrschende Schicht ausgeübt. Sie bewirke einen *"Pushereffekt"* (13). Diese positive Rolle wird ihr auch zuerkannt, wobei jedoch in der Regel gleichzeitig Distanz von den "Grünen" als Partei demonstriert wird. Wichtig sei aber bei solchen Bewegungen, daß *"mit Maß und Ziel"* (ebenda) vorgegangen werden soll, eine *"gewisse Gelassenheit"* (16) sei notwendig.

Große Hoffnung wird auch auf die *Jugendlichen* gesetzt, die durch Schule und Lehrer ein starkes Umweltbewußtsein entwickeln; dadurch würden sie im Hinblick auf umweltgerechtes Handeln teilweise zu den Erziehern der Eltern (vgl. Kapitel 4). Diese Veränderungen durch die Jugendlichen werden zumeist an einem *Generationenmodell* verdeutlicht: während die Generation der heute 50-jährigen in ihrer Kindheit und Jugend ein Hochhalten des Wachstums und der damit verbundenen Naturausbeutung erlebt haben, sei die heutige Generation einen Schritt weiter: das Umweltbewußtsein steige, ein Wertewandel finde statt, Selbstbeschränkungen werden gesetzt:

> *"Daß also der Trend und die Entwicklung, die sich jetzt ein bißchen in Richtung ökologischerere Lebenweise abzeichnet, daß sich der fortsetzen wird. Ich glaube, daß also das Bewußtsein, und das sind also vielfach natürlich auch Generationenprobleme mit der neuen Generation, daß also dieses Bewußtsein in die neue Generation schon in die ganze Sozialisation besser eingebettet sein wird, als es in etwa bei uns der Fall war oder bei unserer älteren Generation der Fall war" (5).*

Beim konstatierten *Wertewandel* (vgl. auch Kapitel 3) wird jedoch eine ambivalente Einschätzung sichtbar: einerseits wird der Jugend die Avantgarderolle in Umweltbelangen zugeschrieben und dies auch positiv bewertet, andererseits zeigt sich aber ein deutliches Mißtrauen gegenüber Tugenden, die zu deutlich der Managermentalität zu widersprechen scheinen: zuwenig Pflichtbewußtsein, zuviel Hedonismus, so könnte man diese auf seiten der Manager identitätsverunsichernden Haltungen der Jugend benennen.

Alles in allem ermöglichen diese Ansätze aus der Sicht der Befragten, daß in Österreich die Umweltsituation schon sehr gut sei und sich in Zukunft nur noch verbessern könne. Dazu tragen auch *Optimismus und Aktivismus* (Tun, Anpacken) als Problemlöser das ihre bei: typischerweise präsentieren die Manager sich und ihr Unternehmen als zukunftsorientiert, keine Herausforderung scheuend und letztlich davon überzeugt, daß sich die ökologischen Zukunftsprobleme Österreichs lösen lassen werden. Auch wenn manchmal Skepsis in bezug auf die Lösbarkeit der ökologischen Probleme aufkommt, sorgt ein zur Schau getragener Optimismus dafür, daß in bestimmten Kontexten (Österreich, West- und Osteuropa) Zweifel an der Machbarkeit und Gestaltbarkeit von Realität erst gar nicht aufkommen.

Fassen wir kurz zusammen: im Unterschied zu den Problemen in der Dritten Welt und partiell in Osteuropa wird Österreich (manchmal als Teil der Länder Westeuropas gesehen) als ökologischer Vorreiter wahrgenommen. Bestehende Probleme ökologischer Art werden generell als lösbar angesehen, wobei der Glaube an die Lösbarkeit oft stärker scheint als die jeweiligen Lösungskonzepte. Ein *demonstrativer Optimismus* in Verbindung mit Appellen zum Tun und Anpacken werden als Garanten zukünftiger Verbesserungen (eines ohnehin schon guten Zustandes) vorgestellt. Folgende Steuerungsinstrumente werden angeführt:

- die *Monetarisierung ökologischer Belange* durch gerechte Preise: *Ökonomie und Ökologie* müssen verbunden werden, der Preis wird als "Steuerungsmittel par excellence" angesehen;
- die *Regulierung durch den Markt*, insbesondere durch den *Konsumenten*: er wird als Triebfeder ökologischer Entwicklung interpretiert, und wenn er die ihm unterstellte Marktmacht ausübe, könne er Unternehmen zur Umstrukturierung ihrer Produktion und Produktpalette zwingen; andererseits muß er aber auch als "Öko-Zahler" herhalten, dem sämtliche Umweltkosten aufgebürdet werden sollen;
- die *Gesetzgebung*: ein hoher Stellenwert wird dem Gesetzgeber zugeschrieben, der durch Umweltgesetzgebung und -kontrolle bzw. durch ökologisch orientierte Steuersysteme eingreifen und regulieren müsse; die Wirtschaft neige zur Lethargie und zu kurzfristigen Nutzengesichtspunkten, wenn sie nicht durch Gesetze gezwungen werde bzw. erkenne, daß durch langfristige Orientierungen auch wirtschaftlicher Nutzen gegeben sein kann; außerdem gelten Gesetze auch für den Konkurrenten, wodurch keine Wettbewerbsnachteile bestünden;
- die *Vorbildwirkung von Eliten:* sehr große Hoffnung wird auch der Vorbildwirkung von Politikern, Führungskräften und z.T. auch der Grünbewegung zugemessen; dieser "Wandel durch Minderheiten" bewirke ein

Nachahmen auf seiten der Bevölkerung, wodurch umweltgerechtes Handeln verbreitet werden könne;

- die *Erziehung durch die Schule und die Lehrer:* die Jugendlichen hätten durch das Ausbildungssystem ein starkes Umweltbewußtsein vermittelt bekommen und würden dadurch auch zu Erziehern der Erzieher werden, sprich: die Eltern in Richtung Umwelt mobilisieren. Dieser Wertewandel wird jedoch ambivalent gesehen und trägt teilweise zu einer Verunsicherung der Manager bei. Generell wird der jetzigen Generation im Unterschied zu früheren ein stärkeres Umweltbewußtsein zugetraut.
- *Optimismus und Aktivismus:* ein sprühender Optimismus mit Appellen zum Handeln tritt generell auf, wobei oft der Eindruck entsteht, daß der Optimismus auch als "Schutzschild" gegenüber mächtigen Problemlagen eingesetzt wird.

5.3 Rahmenbedingungen ökologischer Entwicklung

5.3.1 Das politische System als Hemmschuh ökologischer Entwicklung

Wenn allgemeine Trends und Entwicklungen der Weltgesellschaft angesprochen werden, so wird im Zusammenhang mit Verursachungsgründen und Lösungskompetenzen oft das politische System thematisiert. Dies zeigt sich an Fragen wie: welchen Einfluß hat das politische System auf das Gesamtsystem bzw. wie weit ist das politische System für bestimmte Steuerungsdefizite mitverantwortlich? Welche Rolle spielt dabei die Gruppe der Politiker? Welche Lösungskompetenzen werden vom politischen System erwartet bzw. ihm zugetraut?

Einschränkend ist zu sagen, daß die Thematisierungen des politischen Systems zumeist im Kontext von Österreich betreffende Fragestellungen vorkommen, besonders im Zusammenhang mit Fragen der Verkehrsentwicklung und des Umweltschutzes; Politik im internationalen Kontext wird eher weniger thematisiert, zumeist nur in der Forderung nach internationalen

Organisationen (wie z.B. UN), die bei bestimmten Problemen aktiv werden sollten.

Als genereller Zug in allen Interviews zeigt sich eine Negativbewertung der Politik, eine Kritik eines defizitären politischen Systems bzw. eine latent antidemokratische Tendenz. Diese *politikkritische Haltung* äußert sich in mehreren Facetten:

Im Unterschied zu unternehmerischen Leitbildern und Zielvorstellungen, zum idealistischen Unternehmer, der an Aufträgen arbeitet, wird der Politiker folgendermaßen gesehen:

> *"Hören Sie sich die Politiker an, was geben sie heute, ganz egal, welcher Fraktion sie angehören, von sich, was, was, das ist ja das größte Problem, diese Ziellosigkeit, nicht" (3).*

Quer durch alle Fraktionen wird eine *Ziellosigkeit der Politiker* geortet, die es verunmögliche, sinnvolle politische Handlungen in Richtung einer ökologischeren Zukunft zu setzen, da es ohne Vision, ohne Zielformulierungen auch keine umsetzbaren Strategien gebe. Hier ähnelt der Politiker dem Bild des Jugendlichen, der aufgrund des Wertewandels ebenso ziellos sei und damit das unternehmerische Denken und Handeln in Frage stelle. Neben dieser Ziellosigkeit seien Änderungen auch deshalb schwer durchzusetzen, weil die Politiker im Unterschied zu den Managern unehrlich seien:

> *"Es gibt bei uns keinen Politiker, der sagt, ich habe einen Fehler gemacht. Ist doch nichts dabei; jede jede Managementschule bringt einem bei, wenn du nicht pro Tag einen Fehler, den du gemacht hast dokumentierst, bist du nicht akzeptabel auf die Dauer für deine Mitarbeiter. Haben Sie schon je erlebt, daß einer von, der in Vorbildfunktion ist, und sagt, das war ein Blödsinn, das war ein Blödsinn. Nein, das haben wir falsch gemacht, das das machen wir nicht mehr oder versuchen es nicht mehr. Nein, nein, da treten vierzig Politiker auf und lügen dir etwas vor" (4).*

Grund für diese Haltung seien die *"Berufsbeschäftigten in der Politik"* (4), deren Qualifikation sich in Rhetorik und guten Kontakten zu den Zeitungen erschöpfe. Neben diesem *Rekrutierungsdefizit* wird auch die Abgeschlossenheit des politischen Systems gegenüber "Quereinsteigern" für Defizite der Politik verantwortlich gemacht: wer nicht eine Parteikarriere gemacht habe, komme überhaupt nicht in das politische System hinein.

Die politikkritische Haltung der Manager kumuliert meistens in der *Kritik an der generellen Verfaßtheit des demokratischen politischen Systems*, das wegen *struktureller Mängel* gegenüber Veränderung (seiner selbst) und gesellschaftlicher Probleme großteils immun sei. Diese strukturellen Mängel lägen darin, daß sich das Interesse des Politikers primär auf seine Wiederwahl richte, weshalb sein Handeln an der Kürze von Legislaturperioden gemessen werde, was wiederum der Entwicklung langfristiger globaler Lösungsstrategien entgegenstehe:

> *"Ich meine einfach, es mangelt einerseits an vernünftigen Ideen, an langfristigen Ideen, die halt einmal über zwei Legislaturperioden vielleicht gehen" (1).*

Die *Wahlperiodik* des politischen Systems wird in den Interviews zumeist als Grund für die mangelnde Einstellungsfähigkeit des Politikers auf langfristige Lösungsansätze angesehen. Wegen dieser zeitlichen Beschränkung könnten keine vernünftigen Ideen entwickelt werden; das politische System neige auch dazu, daß Rhetorik und Verbalradikalismus an die Stelle von Systemdenken trete (6) bzw. die Politiker oftmals sinnlose Gesetze machten, nur um damit Aktivität zu simulieren (9).

Das politische System sei auch mit dem Mediensystem eine *"Messalliance"* (14) eingegangen, worauf der *Populismus* hinweise. Prestigeverlust wird mehr gefürchtet als die Durchsetzung umweltpolitischer Maßnahmen gegenüber partikularen Interessen: umweltschädliche Dinge sollten entsprechend sanktioniert werden, jedoch sei in vielen Bereichen der Einfluß der Interessenvertretungen und der Lobbies in der Wirtschaft groß und die Politiker reagierten deshalb sehr zögerlich. Jedoch nicht nur die *Rücksichtnahme auf Interessenvertretungen und Lobbies* wird kritisiert, sondern auch die *Berücksichtigung partikularer Interessen* der Bürger. Bei einem Kraftwerksbau z.B. sollte es so sein,

> *"daß man da nicht nur einzelne Gruppen mitdiskutieren lassen kann, sondern daß da unsere Politiker auch eine Entscheidung treffen müssen, auch wenn es vielleicht Teilen der Bevölkerung nicht paßt, aber wir wählen ja unsere Politiker dazu, daß sie für uns die Entscheidungen durchführen, nicht. Ich kann nicht eine Regierung wählen und die fragt mich dann jedesmal, ob sie das tun darf oder nicht tun darf, dann brauche ich dann keine Regierung, da kann ich immer in Volksabstimmungen die Dinge entscheiden" (11).*

Festzuhalten bleibt, daß die *Defizite des politischen Systems* und seiner Akteure aus der Sicht der Befragten gravierend sind und für viele *Handlungsbarrieren in ökologischer Hinsicht* verantwortlich gemacht werden:

- Wahlzyklen verhinderten die Entwicklung langfristiger Lösungsstrategien;
- Angst vor Legitimationsverlusten der Politiker bewirke Handlungsunfähigkeit, Populismus und falsche Rücksichtnahme auf partikulare Interessen;
- Berufsbeschäftigung in der Politik habe Unehrlichkeit, Dilettantismus, Verbalradikalismus zur Folge;
- Ziellosigkeit, Simulation von Aktivitäten, negative Vorbildwirkung, Opportunismus und mangelnde Verantwortlichkeit seien auf seiten der Politiker vorherrschend;
- schließlich herrschten im politischen System Bürokratisierung und mangelnde Effizienz.

Wie müßten nun das politische System und die politischen Aktuere verfaßt sein, um die Verwirklichung ökologischer Anliegen voranzutreiben?

Inmitten der negativen Bewertungen des politischen Systems tritt an vielen Stellen der Argumentationen eine *Wertschätzung einzelner Politiker* zutage. Die Manager bewerten Politiker positiv, wenn diese folgende Charakteristika zeigen (wobei diese allerdings als Ausnahmeerscheinungen in einem defizitären System begriffen werden):

- wenn sie Ideen, von denen sie überzeugt sind, durchsetzen;
- wenn sie Ziele formulieren, die jeder versteht, eine klare Linie vertreten und dies ohne Diskussion durchziehen:

> *"Ich finde das also jetzt toll wie sich da z.B. Streicher* (Verkehrsminister zur Zeit der Befragung, d. Verf.) *darstellt, weil das ist ein Ziel. Und das ist toll; das ist also etwas so Hautnahes, und und das versteht auch ein jeder, da kann ein jeder mit, und und hin und das ist so, und das ist eigentlich schön, klipp und klar, beinhart und Schluß. Und da diskutiere ich nicht darüber, klare Linie und aus"* (3);

- wenn sie Maßnahmen im Sinne der Allgemeinheit setzen, auch wenn sie angesichts der Globalität der Probleme lächerlich sein mögen (4);
- wenn sie trotz internationalem Druck ihre Linie vertreten und hart bleiben (8);
- wenn sie Vorbildwirkung für die Jugend ausüben und gemeinsam mit anderen Eliten (Managern, Schauspielern usw.) Vorreiterrollen übernehmen.

Es ist interessant, daß vor allem solche Politiker gelobt werden, die eine Haltung an den Tag legen, die von den Managern zur positiven Selbstcharakterisierung verwendet wird. Ein *guter Politiker* sei einer, der tendenziell unternehmerisches Handeln zeige, d.h. Visionen und Ziele entwickle, klare Linien an den Tag lege und seine Ideen trotz Gegendruck unterschiedlichster Lobbies und Interessengruppierungen durchsetze. Nicht erstaunlich deshalb, daß gerade solche Politiker hervorgehoben werden, die selbst einmal Manager waren.

Nehmen wir den Faden von oben wieder auf, so zeigt sich einerseits eine fast durchgehende Negativbewertung des politischen Systems, andererseits eine Personalisierung von Politik im Sinne eines bewunderten und gewünschten "Manager-Politikers".

Vor diesem politikkritischen Hintergrund ist nun erstaunlich, daß nicht der politikfreie Raum des Marktes als Lösungsfeld ökologischer Probleme angesehen wird, sondern die *regelnde Hand des Gesetzgebers* gewünscht wird: der Staat solle mittels Gesetzen ökologische und andere Problemlagen regeln:

> *"Es müßte von der Regierung mit legistischen Maßnahmen einfach gesagt werden, gesetzliche Vorgaben, langfristig, daß sich die Industrie darauf einstellen kann" (1).*

Gesetze sollten den Preismechanismus z.B. beim Auto regeln, das würde *Ökonomie und Ökologie verbinden*; denn Gesetze wären für alle gleich, da gebe es keine Probleme:

> *"Daß man aus dem Kapitalismus, daß man von von der freien Marktwirtschaft wirklich also auch lernen kann und daß man als positiv einstufen kann, daß eben doch immer der Preis eine Rolle spielt...nicht das Auto besteuern, sondern das Autofahren besteuern...wenn die Regierung beschließt, ja, der Benzinpreis kostet jetzt eben 30 Schilling, das kostet soviel, hat man morgen Autos, hat man ja schon getestet, Autos, die fahren mit vier Liter, mit drei Liter, ja. Und deswegen meine ich, ist es wirklich wichtig, daß man Ökologie und Ökonomie verbindet" (2).*

Wenn bestimmte umweltschädliche Zusammenhänge wissenschaftlich erwiesen seien, müßten auch harte Maßnahmen in Form gesetzlicher Regelungen getroffen werden; der Gesetzgeber müßte die Allgemeinheit vertreten. Mit gesetzlichen Maßnahmen und politischen Entscheidungen könnten Ausuferungen von Problemen eingedämmt bzw. Änderungen bewirkt werden.

Fassen wir die Argumentationen in den Interviews zum politischen System zusammen, so erweist es sich wegen seiner immanenten Defizite als Hemmschuh ökologischer Entwicklung. Generell wird dem politischen System Handlungsunfähigkeit bzw. beeinträchtigte Handlungsfähigkeit attestiert. Inmitten dieser Negativbewertung tritt jedoch der als Ausnahme beschriebene "Manager-Politiker" hervor, der in Anlehnung an das Bild des Managers, sehr wohl ökologische Weiterentwicklung vorantreiben kann, inmitten bzw. gegen die Tendenzen des politischen Systems. Obzwar das politische System generell als defizitär eingeschätzt wird, werden gesetzliche Regelungen als unverzichtbar angesehen, wenn es um die Umsetzung ökologischer Anliegen geht, da Gesetze für alle gelten und daher auch möglichen Wettbewerbsnachteilen entgegenwirkten (diese Haltung kann aber im eigenen Unternehmenskontext durchaus als ambivalent wahrgenommen werden; vgl. Kapitel 3). Es wird auch Hoffnung laut, daß die Gesetzgebung in Zukunft ökologiefreundlicheres Verhalten bringen wird.

5.3.2 Technik und Wissenschaft/Forschung als Hoffnungsträger

Die Frage der technischen Beherrschbarkeit und technischen Lösbarkeit ökologischer Probleme spielt in allen Interviews eine große Rolle. Auch wird in vielen Zusammenhängen Wissenschaft und Forschung angeführt, wenn es um die Relevanz bzw. Nichtrelevanz ökologischer Problemlagen geht. In diesem Abschnitt soll nun der Zusammenhang von ökologischen Problemsichten mit dem Komplex Wissenschaft/Technik/Forschung, wie er von den Befragten thematisiert wird, aufgezeigt werden.

Generell kann gesagt werden, daß in den meisten Interviews eine *technikoptimistische Haltung* zum Ausdruck gebracht wird. Beispielhaft eine Aussage:

> *"Ist meine Philosophie doch eher eine Art Vorwärtsstrategie und Vorwärtsphilosophie, indem ich sage also, mit Hilfe der Technik Umweltschutz zu betreiben" (2).*

Eingebettet in eine allgemeine Fortschrittsphilosophie (Ausnahme: globale Entwicklungstendenzen) wird der *technischen Lösbarkeit ökologischer Probleme* ein großer Stellenwert beigemessen. Viele ökologisch sinnvolle Produktions- und Konsumtionsweisen wären heute technisch möglich, auch wenn sie nicht immer - aus verschiedensten Gründen realisiert würden. Umweltschutz könne und müsse auf dem "Letztstand der Technik" betrieben werden, nicht durch Verzicht und Einschränkung des einzelnen. In Europa seien auch die technischen und wissenschaftlichen Kapazitäten vorhanden, um die Umweltprobleme in den Griff zu bekommen. Man müsse halt versuchen, die Dinge zu beherrschen, und letztlich sei mit den modernen Technologien und dem technischen Entwicklungsniveau die Grundlage für diese Beherrschung gegeben:

> *"Man muß ja die Dinge also irgendwie trotzdem versuchen zu beherrschen, nur mit einem zurück zum Lendenschurz wird es nicht gehen, es wird also nur gehen mit einer Vorwärtsstrategie, indem man eben die, die moderne Technologie einspannt und sich zunutze macht" (16).*

Was aber, wenn die Technik noch nicht so weit ist, um bestimmte umweltschädigende Verfahren beherrschbar zu machen?

Dann können innerhalb dieser technikoptimistischen Haltung auch *umweltpolitisch defensive Tendenzen* auftreten, d.h. wenn Umweltschutz immer mit dem Stand der Technik gleichgesetzt wird und wenn bestimmte Prozesse eben technisch noch nicht lösbar sind, dann muß halt solange weiter Umweltzerstörung betrieben werden.

> *"die Ressourcen...eben gerade nur soviel versauen, wie wie halt also unabdingbar notwendig ist" (16).*

Dies habe sich auch bei der bedenklichen Entscheidung für die Atomkraftwerke gezeigt. Diese sei deswegen so gefallen, weil eben zu diesem Zeitpunkt die Alternativenergietechnik noch nicht so weit fortgeschritten war (7). Aber da ja ein Grundoptimismus im Hinblick auf *Wachstum und technische*

Entwicklung vorherrscht, letztlich alles machbar und lösbar ist und der weltweite Konkurrenzdruck die Industrie zu Innovationen zwingt (16), wird dieser Zustand nicht lange anhalten. *Forschung und Entwicklung* werden generell als Wegweiser in eine ökologischere Zukunft gesehen:

> *"ich meine, man muß halt wie bei allem, das Bestmögliche versuchen und, und, und doch irgendwie optimistisch bleiben, weil sonst kann man sich gleich erschießen...ich glaube schon, daß man das in den Griff kriegen kann, weil ich meine, für was haben wir Wissenschaft und Forschung und es hat schon oft Situationen gegeben, wo man geglaubt hat, oder ich meine, es hat auch immer solche Propheten gegeben, die fürchterliche Dinge prophezeit haben, und die sind alle nicht eingetreten" (10).*

In diesem Zitat vermischen sich Fortschrittsoptimismus, der Glaube an Wissenschaft und Forschung und die Abgrenzung von apokalyptischen Prophezeihungen, die alle nicht eingetreten seien, zu einer kompakten technischen Machbarkeitsvorstellung.

Während die Technik und der "Letztstand der Technik" (4) gleichsam als Hoffnungsträger für eine ökologischere Zukunft angesehen werden, ist die *Haltung zur Wissenschaft* eine zwiespältige. Hier halten sich zwei Grundhaltungen die Waage: einmal eine *wissenschaftsoptimistische*, die im Extremfall wissenschaftliche Aussagen letztlich verabsolutiert, den (technischen) Experten die Definitionsmacht zuschreibt und dementsprechend auch die eigene (nichtwissenschaftliche) Beurteilungskompetenz geringschätzt. Zum zweiten eine *wissenschaftskritische*, die im anderen Extrem Wissenschaftler zu Handlangern von partikularen Interessen des eigenen finanziellen Interesses wegen macht und dementsprechende Skepsis in bezug auf wissenschaftliche Aussagen als notwendig ansieht. Befragt bezüglich der Hauptverursacher des Ozonlochs antwortet ein Befragter:

> *"Dazu kann ich nichts sagen, weil ich bin kein Wissenschaftler auf dem Gebiet, ich meine, ich bin überhaupt kein Wissenschaftler...und*

wenn ich mir über etwas kein perfektes Bild machen kann, dann glaube ich lieber gar nichts" (10).

Die (auch nichtwissenschaftliche) Beurteilung menschlicher Probleme wird hier zurückgestellt, solange nicht wissenschaftliche Kompetenz vorhanden ist. Es sei keine Frage des Glaubens, wie ökologische Probleme einzuschätzen seien, sondern eine Frage der Wissenschaft. Erst wenn diese ein perfektes Bild zeichne, könne auch die eigene Beurteilungskompetenz in Anspruch genommen werden.

Konträr zu dieser wissenschaftsgläubigen Haltung steht eine eher wissenschaftskritische: zuerst sollten einmal die ursächlichen Faktoren der Umweltverschmutzung wissenschaftlich bewiesen werden, bevor Maßnahmen ("Herumdoktorn") gesetzt werden. Diese wissenschaftliche Beweisbarkeit ist aber eingeschränkt dadurch, daß *"die Lobbies, die die die Wissenschaftler werden also gehalten heute in vielen Fällen wie die Schoßhunde, wes' Brot ich eß', des Lied ich sing'"* (9), und in vielen Fällen stünden *"Meinung und Gegenmeinung"* konträr gegeneinander, was die Beurteilung eines Problems erschwere. Mit schuld daran sei auch die fehlende Effizienzkontrolle in der Forschungsförderung.

Trotz einiger Zweifel an wissenschaftlichen Aussagen bzw. an den Wissenschaftlern ist aber dadurch die *technikoptimistische "Vorwärtsphilosophie"* nicht grundlegend eingeschränkt. Umweltschutz solle mit Hilfe der Technik betrieben werden, und die technische Entwicklung werde letztlich auch jetzt noch nicht technisch optimal zu lösende Probleme bewältigbar machen.

5.3.2.1 Die Atomkraft als Risikofaktor

Diese oben skizzierte Technikorientierung bricht an einem Punkt entscheidend ein: am Punkt der Beurteilung der Energiegewinnung durch Kernenergie. Im Zusammenhang mit der Frage der technischen und sozialen Lösbarkeit ökologischer Probleme wird in den Interviews oft die Frage nach der (sauberen)

Energieerzeugung durch Atomkraft angesprochen. Österreich hat bekanntlich vor einiger Zeit durch eine Volksabstimmung ein "Nein zur Atomkraft" beschlossen, infolgedessen das Kernkraftwerk Zwentendorf nicht in Betrieb gegangen ist.

Wie sehen nun die gegenüber der Technik positiv eingestellten Manager dieses Problem?
Vorab ein Zitat aus einem Interview:

> *"Mir hat...als halber Techniker, so vom Werdegang her jetzt aufgehängt gemeint, das Herz weh getan, wie ich Zwentendorf in seiner Nicht-Inbetriebnahmesituation gesehen habe, also das technisch ausgefeilte, saubere, durchkonstruierte Superwerk und ich registriere bei mir selber, ich war mir damals nicht sicher, ob diese Entscheidung die richtige ist, wo man gesagt nein, Zwentendorf nein, ich wäre da glaube ich umgefallen, heute ist das überhaupt keine Diskussion mehr ...die Gefahren sind deutlicher geworden, auch alles was passiert und nicht passiert ist oder auch was passiert ist und wir davon nicht Kenntnis bekommen haben, da steht ja einiges im luftleeren Raum, signalisiert, daß also die Entscheidung sicher die Richtige war" (5).*

Die real zutage getretenen *Gefahren der Atomkraft* (z.B. Harrisburg, Tschernobyl) haben in fast allen Interviews entweder ein generelles Umdenken bewirkt bzw. ein schon seit Zwentendorf bestehendes Unbehagen verstärkt, sodaß durchgehend eine *atomkritische Haltung* vertreten wird.

Die Atomkraft habe *"null Zukunft"* (2), die eventuell auftretenden Schäden wären nicht verantwortbar, die Frage des Atommülls sei nicht geklärt, die Unfälle hätten die Gefährlichkeit erwiesen (15) und letztlich stehe *"das Risiko im Vergleich zum Nutzen in keinem Verhältnis"* (2).

Für viele Interviewpersonen war der *Reaktorunfall in Tschernobyl* 1986 der Punkt des Umdenkens. Eine Interviewperson konnte in seinem Garten seltsame Auswirkungen wahrnehmen:

"So ein Kraftwerk ist in die Höhe gegangen, und bei uns, bei uns in X. sind die Fliederblätter so groß geworden, können sie sich das vorstellen, solche Fliederblätter, das war, da muß gerade dort etwas heruntergeronnen sein, durch den Regen, es hat dann geregnet, wir haben ganz selten Ostwind in unseren Breiten, nicht, und gerade zu dem Zeitpunkt war Ostwind" (7).

Obzwar die Atomkraft generell als zu riskant abgelehnt wird, gibt es Abstufungen in der Gefährlichkeit: besonders die AKWs im ehemaligen Ostblock werden als sehr gefährlich eingeschätzt:

"Was sich da abspielt in der Tschechoslowakei, da gibt's ja nicht nur das (Atomkraftwerk, d. Vef.) *Bohunice, da gibt's ja auch mehrere derartige und das finde ich halt schon problematisch, wenn im Nachbarland bitte, von uns unbeeinflußbar, da Dinge geschehen, die kein Mensch verantworten kann, dann ist das sicher ein Wahnsinn"* (10).

Österreich habe bezüglich der Atomkraft eine *"reine Weste...das ist ja noch ein Glück, da können wir wirklich auftreten"* (8). Kritisch wird im Zusammenhang mit der Atomindustrie aber angemerkt, daß, wenn sich z.B. Schweizer Bürgerinitiativen gegen den Ausbau der Atomenergie im Land stellten, die Unternehmen eben in ein anderes Land überwechselten.

Diese atomkritische Haltung schlägt sich in Überlegungen nieder, wie denn *Energie in Zukunft* gewonnen werden solle. Im Vergleich mit Atomkraftwerken werden *Wasserkraftwerke* für vertretbar gehalten:

"wenn ich jetzt die Wahl hätte, da das Nagymaros (Donaukraftwerk, d. Verf.), *der Strom aus Nagymaros wäre mir zehnmal lieber als aus aus irgendeinem AKW"* (8).

Generell wird jedoch festgestellt, daß *Energiesparen* von größter Wichtigkeit sei, dementsprechende Maßnahmen aufgezeigt werden sollten, und daß *Alternativenergien* gefördert werden sollten. Es sind noch

> *"erschreckend viele AKWs in Planung, das das glaubt ja keiner, nicht. Und ich finde, wahrscheinlich ist der richtigere Weg einmal wirklich an den Energie-, die Energiesparmaßnahmen aufzuzeigen und dann einmal festzustellen, ob's net doch andere Wege gibt, als unbedingt die Atomkraft" (15); "Energie sparen...wenn sie teuer ist oder nicht vorhanden ist, dann wird eben mehr in die Sparmaßnahmen investiert" (8);* und: *"man hätte viel mehr Alternativenergien fördern müssen" (7).*

Wenn wir kurz zusammenfassen: trotz (oder wegen) einer allgemein technikoptimistischen Grundphilosophie, in der technischer Fortschritt und Ökologie Hand in Hand gehen, zeigt sich eine sehr ausgeprägte *Anti-Atom-Haltung.* Diese Technik habe gezeigt, daß sie gefährlich sei, letztlich in ihren Auswirkungen bis in den eigenen Garten gehe und vor allem, daß die möglichen Kosten größer seien als der Nutzen. Der Maßstab der ökonomischen Rationalität einerseits und die Irrationalität möglicher Folgen andererseits lege es nahe, auf die Nutzung der Kernkraft zu verzichten. Dies wird sehr konsequent vertreten.

5.3.3 Die Natur des Menschen als Grenze ökologischen Handelns

In den Interviews tritt vor allem im Kontext der Frage der Lösungsmöglichkeiten ökologischer Probleme eine typische Argumentationsfigur auf, die auf die Konstitution des Menschen (der Menschheit) verweist, um bestimmte Entwicklungseinschätzungen zu rechtfertigen.

Auf der einen Seite wird *"der Mensch"* als sehr *anpassungsfähig* eingeschätzt, der große Leistungsfähigkeit habe und entwickeln könne und auch zu Lösungen fähig sein wird, die wir uns heute vielleicht noch gar nicht vorstellen können. In Abhebung von negativen Prophezeiungen des Club of Rome, die dann allesamt nicht eingetreten seien, meint ein Interviewpartner: *"vielleicht schaffen's, ich meine, der Mensch ist ja unheimlich anpassungsfähig"* (9). Zwar ist dann und wann ein Druck bzw. eine Bedrohung des Menschen notwendig, aber: *"also grundsätzlich glaube ich, daß die Menschen unter Druck - der Krieg ist der Vater aller Dinge - oder die Bedrohung doch letztlich immer etwas einfällt vielleicht, nicht"* (8).

In der Tat werden andererseits oftmals *negative menschliche Eigenschaften* festgeschrieben, die eine katastrophische Entwicklung der Welt logisch erscheinen lassen:

> *"Leider sehr, sehr pessimistisch, wir laufen langfristig einfach auf eine gigantische Katastrophe zu, das werden diese paar einsichtigen Leute nicht verhindern können. Der Raff, der Neid, Mißgunst und die Ausbeutung ist einfach so, so verwurzelt im, ja verwurzelt im Menschen, daß es, daß das nicht, daß das nicht kommen wird" (12).*

Bestimmte, im Menschen verwurzelte Eigenschaften (Neid, Mißgunst, Ausbeutung, Unbescheidenheit, verkümmertes Sozialverhalten) lassen es als sehr unwahrscheinlich erscheinen, daß katastrophale Entwicklungen verhindert werden können. Umweltschutz werde auch nur bis zu einem gewissen Grad möglich sein,

> *"weil der Mensch ist an sich schon umweltfeindlich, nicht, auch wenn er nur in der, was weiß ich, in der Schilfbadehose oder so was herumläuft" (2).*

Alles, was der Mensch mache, sei umweltfeindlich, d.h. ein Eingriff in die Natur. Dazu käme, daß die *"Mentalität des Menschen"* (2) auf ein *"Streben nach Mehr"* (ebenda), d.h. mehr Status, Anerkennung, Wohlstand und Güter gerichtet sei.

Nicht nur der *Mensch* scheine eine *Gefahr für die Natur* zu sein, ebenso könne sich die *Natur* zu einer *Gefahr für den Menschen* herausstellen.

Wichtig sei jedoch festzustellen, daß der Mensch durch seine Tätigkeiten die Natur immer schon verändert habe und ohne Umweltveränderung menschliches Leben gar nicht möglich wäre.

Es tritt eine deutliche Tendenz in den Interviews zutage, gesellschaftliche Zusammenhänge zu naturalisieren, d.h. die "Natur des Menschen" für viele negative Entwicklungen verantwortlich zu machen. Die Natur des Menschen sei es eben, profitgierig zu sein, jagen zu müssen, andere Menschen auszubeuten, der Umwelt feindlich gegenüber zu stehen.

> *"Ich behaupte schlicht und einfach, daß aus der Natur der Menschen heraus der Ertrag, der Erfolg einer der wesentlichen Motivatoren ist...manche Leute sagen, das ist also der alte Jäger- und Sammlerinstinkt im Menschen, der sich nicht so einfach ausrotten läßt" (6).*

Auch der Verkehr werde eher zunehmen als abnehmen, denn *"wir sind nicht so seßhaft, wir sind eigentlich nach wie vor Zigeuner, die Kommunikationstechnik hilft uns ein wenig, dem die Spitze zu nehmen, aber im Grunde genommen sind wir Zigeuner"* (6). Indem aber bestimmte Entwicklungen als Wesenszüge des Menschen festgeschrieben werden, wird mit dieser *Naturalisierung* aber letztlich auch der *status quo* festgeschrieben, d.h. die prinzipielle Unveränderbarkeit von durch Menschen verursachten Problemlagen.

Wenn es aber um die Lösung weltweiter Probleme wie z.B. die Bevölkerungsentwicklung geht, erscheint die Natur als "Racheengel", der reinigend eingreifen wird:

> *"Ich befürchte auch tatsächlich, daß sich das irgendwo von der Natur her regulieren wird, wenn wir jetzt schauen diese Choleraepidemie, das ist ja auch ein natürliches Regulativ, das muß man ja tatsächlich so sehen, daß das sicher häufiger sein wird und halt über über diesen Weg sich diese Dinge regeln" (1).*

oder:

"Es werden wahrscheinlich da oder dort auch noch so Naturkatastrophen regulierend ein-, eingreifen, ich meine, und ich glaube nicht, daß sich die Menschen einmal gegenseitig auf die auf die Füße steigen werden, das wird, sicher wird's irgendwelche Katastrophen geben oder es wird wird Gründe geben, warum sich irgendwo die die Leute vielleicht dann nimmer so stark vermehren. Ich ich sehe also in der Natur, die Natur hat also dermaßen regulierend bis jetzt gewirkt, ich ich bin da nicht pessimistisch" (15).

In einigen Interviews wird auch der Lauf der Welt vom *Ende der Geschichte* her interpretiert, d.h. die Apokalypse bzw. die evolutionäre Weiterentwicklung ohne Mensch wird als selbstverständlicher Bestandteil der Entwicklung der menschlichen und natürlichen Welt gesehen:

"Schauen Sie, wir wir sind in einem in einem ganz einen kleinen Moment in der Weltgeschichte jetzt da und, wenn ich mir vorstelle, daß sich die die Dinosaurier aufgeregt hätten wie sie erkannt hätten, daß sie jetzt schön langsam zu Ende gehen mit ihrer Dynastie, ja, muß ich sagen, hätten's wahrscheinlich auch nichts ändern können, ja. Ich meine, ich find's ein bißchen als als, Anmaßung sage ich einmal so, ja, wenn ich sage der Mensch nimmt an, daß er auf auf auf ewig auf der Erde existiert, wenn es die Evolution vorsieht, ja, daß also das Jahrtausend oder die Jahrtausende des Menschen ihres Lebens zu Ende gehen, dann werden sie zu Ende gehen, und ob das jetzt eine neue Eiszeit sein wird oder oder ein Ozonloch oder oder was weiß denn ich was, vielleicht kann's der Mensch verzögern, aber ich meine, es haben sich also diese ganzen Arten in irgendeiner Form, jede Art hat irgendwann einmal oder hat ihren Höhepunkt und und und wird dann von einer anderen Art verdrängt, es ist ja der Mensch auch nur eine Art, vielleicht kommt das über die Insekten oder was weiß denn ich was, ich...ich also bitte, ich bin Katholik und ich glaube an diese an diese Entwicklung, ja, und an eine sicherlich nicht nicht unbeeinfluß-

bare, aber doch in irgendeiner Form an eine, na ja, Schöpfungsgeschichte und die ist meiner Meinung nicht zu Ende, und das wird weiterlaufen" (15).

Auch wenn der Mensch durch die Eingriffe in die Natur seine eigenen Lebensgrundlagen zerstören und sich damit auslöschen würde, wäre damit die Schöpfungsgeschichte nicht zu Ende, sondern dann würden eben andere Lebewesen die Erde bevölkern. Denn wie Gott die Welt eingerichtet hat, so wird sie auch sein:

"Ob man jetzt sagt, das ist die Natur oder man sagt, das ist der Herrgott, das ist für mich sowieso eins, ganz ehrlich gesagt. Die Natur wird einschreiten" (1).

Im Hinblick auf die Einschätzung möglicher katastrophaler Entwicklungen wird oft auf *religiöse Metaphern* zurückgegriffen, Gott erscheint gleichsam in Verkörperung der Natur und greift regelnd in Mißentwicklungen der Welt ein.

Ein anderer Interviewpartner sieht sich durch die astronomische Wissenschaft bestätigt, daß ein ewiges Erhalten der Welt und ihrer Ökologie nicht möglich sei. Leben und Sterben seien *Grundgesetze der Natur*, und wenn die astronomischen Berechnungen stimmen, dann werde auch die Erde eines Tages verbrennen und alles Leben wird ausgelöscht sein. Interessant ist, daß diese Argumentationen zur Relativierung eines übermäßigen Aktivismus in ökologischer Hinsicht gebraucht werden und damit nicht unbedingt dem ökologischen Handeln förderlich sind.

Andererseits - und teilweise im gleichen Atemzug - wird ein "säkularisierter Glaube" an die *Fähigkeiten des Menschen* vertreten, der eigentlich einen Zukunftsoptimismus rechtfertige. Zwar werde es noch einiger Katastrophen bedürfen, um die Leute wachzurütteln und effiziente Gegenmaßnahmen einzuleiten, d.h. kurzfristig sei die Zukunft eher negativ einzuschätzen, wie dieser Interviewpartner meint, aber *"langfristig bin ich optimistisch, weil ich einfach glaube, daß sich im Endeffekt doch, also, das Positive auf der Welt auf der Welt durchsetzen wird. Ich glaube, der Mensch hat sicherlich also 70% positive Impulse, 30% negative Impulse in sich, auch wenn es einmal so und so geht, wie bei der Börse...über die Jahrzehnte hinweg, steigt das immer, und so bildlich gesprochen, wird sich auch hier, also, das irgendwann lösen lassen" (2).*

Generell wird trotz dieser einschränkenden Macht der Natur des Menschen geglaubt, daß die Menschen weitgehend die Fähigkeit haben werden, die Probleme, die lösbar sind, zu lösen:

"ich glaub, also ich glaube sehr, sehr stark an, an die Fähigkeit des Menschen diese Probleme in den Griff zu kriegen, und ich bin überzeugt, irgendwo gibt's also einen Punkt, wo man sagen kann, okay mit diesen Maßnahmen, zwei, drei, vier gezielte Maßnahmen, kann ich den Großteil des Problems eliminieren, auch hier gilt wahrscheinlich, 100% werden wir es nicht in den Griff kriegen, aber 80% oder 90% ist ja schon sehr viel" (9).

Fassen wir kurz zusammen: die Natur des Menschen scheint in den Interviews in doppelter Perspektive auf; einerseits wird dem Menschen eine große Anpassungs- und Leistungsfähigkeit attestiert, die sich zu noch unbekannter Lösungsfähigkeit steigern wird können. Andererseits werden dem Menschen negative, scheinbar unveränderbare Eigenschaften zugeschrieben, die auch dafür verantwortlich seien, daß die Welt in bestimmter Hinsicht der Katastrophe entgegensteuere. Die *Ontologisierung menschlicher Anlagen* und die *Naturalisierung gesellschaftlicher Zusammenhänge* lassen Zweifel an der Beherrschbarkeit ökologischer Problemlagen aufkommen.

In diesem Kontext wird der Natur als ganzer aber noch eine weitere Rolle zugemutet: sie werde angesichts von Weltproblemen durchaus regulierend eingreifen und z.B. durch Katastrophen entweder die Menschen wachrütteln und zum Umkehren bewegen oder auch "überzählige" Menschen in der Dritten Welt damit reduzieren. Die Natur erscheint so als Regulativ für die Unvernunft des Menschen.

Eine zusätzliche Relativierung tritt auf, wenn festgestellt wird, daß der Mensch die Natur ja immer schon verändert habe und schon von seinen Aktivitäten her umweltfeindlich angelegt sei.

Eine weitere Argumentationsfigur läßt gleichsam eine fatalistische Grundtendenz erkennen: der Mensch dürfe nicht davon ausgehen, daß er auf ewig die Welt bevölkern werde; wenn es die Schöpfungsgeschichte so vorgesehen habe (bzw. der Mensch sich selbst zerstört), dann werden eben andere Lebenswesen die Erde bewohnen.

Im Gegensatz zu diesen relativierenden Aussagen wird auf der anderen Seite (und teilweise parallel dazu) der Mensch in seinen Fähigkeiten beschworen, die großteils einen Zukunftsoptimismus rechtfertigen. Der Mensch sei zu vielem fähig, und manche negative Zukunftsvorstellungen hätten sich als falsch erwiesen, da die Menschheit doch lernfähig sei.

Die Funktion solcher "naturalistischer" Argumentationen scheint darin zu liegen, daß unfaßbare Zusammenhänge erklärbar und scheinbar beherrschbar werden und diffuse Vorstellungen im Hinblick auf Lösungsmöglichkeiten durch den Rekurs auf die Naturbasis des Menschen formulierbar werden.

5.4 Zwei spezielle Umweltthemen

5.4.1 Der Verkehr: Notwendigkeit oder Einschränkung?

Während im privaten Lebensbereich die auf den Verkehr bezogenen Fragen wesentlich die eigene Fortbewegungsorganisation betrafen, werden in diesem Abschnitt Verkehrsfragen im Zusammenhang mit allgemeinen Entwicklungstrends behandelt. Wie wir bereits gesehen haben, ist für die Manager die

Fortbewegung mit dem Auto selbstverständlich und der Verzicht auf dieses Fortbewegungsmittel fast nicht vorstellbar. Wie sehen nun die Manager die Entwicklung des Verkehrs, welche Konzepte entwickeln sie bezüglich der weiteren Entwicklung, besonders unter ökologischen Aspekten, wie wird die persönliche Betroffenheit in diesem Kontext gesehen?

Auffallend ist zunächst, daß im Unterschied zu allen anderen globalen thematischen Feldern hier sehr *ausgeprägte konzeptuelle Überlegungen* bei allen Befragten auftreten. Jeder Interviewpartner hat eine relativ genaue Vorstellung, in welche Richtung der Verkehrs sich entwickeln wird, wo die Schwachpunkte zu finden sind und wie dieses Problem zu lösen wäre. Lösungsvorschläge werden von allen Interviewpartnern (z.T. sehr ausführlich) präsentiert; in generellen Fragen besteht weitgehend Einigkeit, in Detailfragen ist die Heterogenität der Vorstellungen relativ groß.

Wie wird nun generell die *Verkehrsentwicklung* gesehen, und welche Rolle spielt dabei der Individualverkehr, im besonderen das Fortbewegungsmittel Auto?

Weitgehend besteht Einigkeit darüber, daß der Verkehr in Zukunft noch zunehmen wird:

> *"Ich meine, es ist auch diese diese Entwicklung der extremen arbeitsteiligen Gesellschaft, daß halt, es führt auch zu einem erhöhten Verkehrsaufkommen" (8).*

Zum einen sind es die Erfordernisse der arbeitsteiligen Gesellschaft, die eine Zunahme des Verkehrs wahrscheinlich werden lassen, zum anderen das Mobilitätsbedürfnis des Menschen. Aber auch politische Veränderungen werden angeführt (z.B. die Öffnung des Ostens), die auf eine Zunahme des Verkehrs hindeuten. Gleichzeitig werden aber auch die Manager als "Vielfahrer" mit der konkreten Situation auf der Straße konfrontiert: Staus, Luftverschmutzung, Lärm, umweltfeindliche Technik u.ä. lassen auch die Manager skeptisch bezüglich der weiteren Entwicklung des Verkehrs werden. Wenn jedoch Kosten-Nutzen-Rechnungen angestellt werden, scheint das Individualfahrzeug im Unterschied zur Alternative der öffentlichen Verkehrsmittel allemal noch besser abzuschneiden:

> *"Mit Ausnahme von zwei Tagen im Monat, wo irgendwas passiert, fahre ich in der Früh zwischen acht und viertel neun von zuhause los und hierher in die Firma und brauche Haus zu Haus zwanzig bis fünfundzwanzig Minuten für ungefähr 17 Kilometer, das ist nicht schlecht. Ich gebe zu, es kommt auf jeden Monat einmal oder manchmal auch zweimal ganz arg, da dauerts eineinhalb Stunden, weil irgendwo ein Stau ist und da kann man nur vom Glück reden, wenn man dann noch rechtzeitig also von der Tangente* (Wiener Stadtautobahn, d. Verf.) *irgendwo runter oder erst gar nicht hinauf und über Umwegen; aber ich segne die Tangente fast jeden Tag meines Lebens, statt mich über sie aufzuregen, obwohl ich zugeben muß, ich freue mich auch nicht, wenn ich drinnen stecke"* (16).

Solange die zeitlichen Kosten nicht allzu hoch sind, werden Staus und lange Anfahrtswege hingenommen, scheint das Auto in Konkurrenz mit den öffentlichen Verkehrsmitteln besser abzuschneiden. Auch die Zunahme an Hindernissen des Autofahrens (Tempobeschränkungen, Ampeln, Baustellen usw.) läßt die "Lust am Auto" nicht einschneidend kleiner werden.

Nun wird aber nicht nur die zeitweilige Einschränkung der Mobilität mit dem Verkehr in Verbindung gebracht, sondern vor allem auch die *negativen Auswirkungen des Autoverkehrs auf die Umwelt.* Bei diesem Problem sei der Autofahrer *"Opfer und Täter zugleich"* (14). In diesem Kontext - und vor dem Hintergrund der individuellen Wichtigkeit des Autos - wird zumeist eine *Sowohl-als-Auch-Haltung* vertreten: einerseits sei man sich der Umweltverschmutzung des Individualverkehrs bewußt, daher seien längerfristig Einschränkungen notwendig; andererseits sei aber das Auto in unserer mobilen Gesellschaft notwendig, weshalb es auch nicht abzuschaffen wäre bzw. weshalb ein moderater Ausbau von Straßen (und Stadtumfahrungen) durchaus zu begrüßen sei. Ein Interviewpartner bringt diese Ambivalenz zum Ausdruck:

> *"Für Österreich gesehen, ich glaube nicht, daß überhaupt ein Staat in der Lage ist, den Verkehr komplett von der Straße zu lösen, das geht nicht, das ist und hat auch seine Berechtigung auf der Straße, das ist keine Frage, ja, aber es geht auch sicher nicht, den ganzen Verkehr nur mit der Bahn oder das geht nicht, es muß ein vernünftiges Mittel sein, das muß ausgewogen sein"* (7).

Wie wird nun diese Einschätzung mit der Zunahme des Verkehrs bzw. der Umweltverschmutzung in Verbindung gebracht? Auch in diesem thematischen Kontext treten zum einen einige "Hoffnungen" auf den Zusammenbruch des gesamten Systems zutage, der gleichsam Lerneffekte nach sich ziehen würde und eine Umkehr zugunsten des öffentlichen Verkehrs mit sich bringen würde:

> *"Ich habe die, die positive Perspektive, daß es einmal nicht mehr gehen wird und dann wird es einen Knall geben, dann werden die Leute denken müssen" (7).*

Zum anderen werden aber *mangelnde Alternativen* beklagt: Generell besteht die Bereitschaft zum Unsteigen auf öffentliche Verkehrsmittel, doch wären diese in keinem sehr guten Zustand und deshalb weitgehend unattraktiv. Der öffentliche Verkehr sei vernachlässigt worden:

> *"Ich glaube, wenn die öffentlichen Verkehrsmittel nicht so attraktiv werden, daß sie einem, daß es, daß sie sich einem de facto fast aufdrängen, dann wird der Individualverkehr weiter so laufen, bis zu jenem Punkt, wo er sich selbst ad absurdum führt, daß man nur mehr steht und nicht mehr fortkommt" (6).*

Diese Kritik am mangelnden Ausbau der öffentlichen Verkehrsmittel kann sich aber durchaus auch mit einer Kritik am mangelnden Ausbau von Straßen verbinden. Das eine scheint das andere nicht auszuschließen, notwendig sei die gleichzeitige Einschränkung des Individualverkehrs bzw. der Ausbau des öffentlichen Verkehrs und die Verflüssigung des Verkehrsaufkommens durch den Ausbau von Straßen und den Abbau von Verkehrshindernissen.

Wie wird nun mit diesem Widerspruch umgegangen und wie wird die Problematik der Umwelt integriert?

Hier tritt nun drittens eine Argumentationslinie zutage, die von sehr vielen Interviewpartnern vertreten wird:

> *"Das Problem liegt an der Luftverschmutzung durch den Verkehr heute noch. Man sollte einfach nur versuchen, die Luftverschmutzung hintan zu halten, das ist das Entscheidende und wenn man heute wirklich das, das das zimmerreine Auto hat und das ist aus meiner Sicht ist das absolut realisierbar" (1).*

Diese Argumentation zielt auf die technische Entwicklung und die technischen Möglichkeiten bei der Konstruktion des Autos. Prinzipiell wäre das "zimmerreine" Auto heute realisierbar, deshalb sollte der *Weg des Umweltschutzes durch Technik* gegangen werden, nicht primär jener der Einschränkung des Verkehrs bzw. des Straßenbaus. Mit dieser Argumentation sind wir bereits bei der Frage, was aus der Sicht unserer Interviewten getan werden müßte, um das Verkehrs- und das damit zusammenhängende Umweltproblem lösen zu können.

Zum einen wird vehement vertreten, daß vor jeder unmotivierten Einschränkung alle technischen Möglichkeiten ausgenützt werden sollten: Umweltschutz auf dem neuesten Stand der Technik, diese Einstellung gilt auch für den Individualverkehr. Warum diese Möglichkeiten noch nicht realisiert worden sind, wenn es prinzipiell möglich ist?

Hier tritt eine ausgesprochen *industriekritische Haltung* zutage: die Industrie sei sehr konservativ, wenn sie nicht durch die Politik gezwungen werde. Das Zusammenspiel von Wirtschaft und Politik wird gerade in diesem Bereich besonders betont und der Ruf nach einer gesetzlichen Regelung des Verkehrs und dessen Kosten laut.

Es besteht weitgehend Einigkeit, daß das Problem des Verkehrs eines der *Kosten* sei; das Autofahren trage bei weitem nicht die Kosten, die es verursache:

> *"Ich meine, wahrscheinlich ist so vieles im Verkehr deshalb falsch, weil überall auf der Welt marktwirtschaftliche Mechanismen zum Wirken gebracht werden, nur nicht, gerade nicht im Verkehr. Wo steht geschrieben, daß das auf ewige Zeiten ein Grundrecht des Bürgers sei, bleiben muß, soviel Straße zu verstellen, zu verparken, nicht" (16).*

Generell wird eine *Verpreisung des Autoverkehrs* gefordert: wenn das Autofahren mehr kosten würde, dann würde einerseits der Konsument bewußter Alternativen wahrnehmen, andererseits der Produzent auch Alternativen anbieten.

Die *Politik* müßte mit gesetzlichen Regelungen eine Verpreisung des Autofahrens durchsetzen. Im Zusammenhang mit *gesetzlichen Regelungen* wird auch sehr oft verlangt, daß die Politik für die Produzenten einen durchschnittlichen Flottenverbrauch festlegen müßte, um den Herstellern längerfristige Perspektiven zu bieten und Druck auf die Produzenten zu machen; andererseits aber auch, um unter den Produzenten eine Wettbewerbsgleichheit herzustellen, die einen faireren Wettbewerb garantieren würde.

Gleichzeitig wird aber auch die Skepsis zum Ausdruck gebracht, ob die Politik bereit sein wird, Entscheidungen gegen die "heilige Kuh Auto" zu treffen, da dies unpopulär sei und keine Wählerstimmen bringe.

Einschränkung des Individualverkehrs, Schaffung von Park-und-Ride-Systemen, Verpreisung der Parkplätze, Ausbau der öffentlichen Verkehrsmittel, dies sind in etwa die Vorstellungen, wie dem Verkehrsinfarkt zu begegnen sei.

Das *Dilemma zwischen öffentlichem und Individualverkehr* bringt ein Interviewpartner zum Ausdruck:

> *"Ich glaube schon, daß es notwendig ist, daß man für den Individualverkehr entsprechende Dinge vorsieht, aber, aber so, daß man nicht den Massenverkehr, eigentlich, den öffentlichen Verkehr so total vernachlässigt, wie es passiert ist, die letzten Jahrzehnte; der ist eindeutig vernachlässigt worden, nicht. Es sind zwar hunderte Kilometer Autobahn gebaut worden, aber ich glaube kaum einige Kilometer neue Bahnlinie, ob das jetzt aufzuholen ist, das ist ja fast unmöglich, meines Erachtens muß der Schwerpunkt jetzt schon auf den öffentlichen Verkehr gelegt werden, aber er darf nicht für den Individualverkehr alles verteufeln, und dann praktisch nichts mehr tun" (11).*

Bei vielen Interviewpartnern ist eine *Ambivalenz* sichtbar: einerseits leugnet niemand, daß der Ausbau der öffentlichen Verkehrsmittel notwendig ist; andererseits besteht aber doch die Befürchtung, daß dieser Ausbau auf Kosten des Individualverkehrs gehen könnte, letztlich also auch die Manager und ihre Fahrpraxis treffen könnte. Der Widerspruch könnte so formuliert werden: verstärkter Ausbau des öffentlichen Verkehrs und auch Ausbau der Infrastruktur des Individualverkehrs (sicherere Straßen, mehr Spuren auf der Autobahn usw.).

Wie wird nun neben dem Ausbau der Bahn und der öffentlichen Verkehrsmittel die *Zukunft des Verkehrs* gesehen?

Wie schon oben skizziert, tritt zum einen eine katastrophenszenarische Vorstellung zutage: damit die Menschen lernfähig werden, müsse es einen großen Knall geben, müsse das Verkehrssystem zusammenbrechen, zum Stillstand kommen. Dazu trage auch die Entscheidungsunwilligkeit der Politiker bei, da sie sich vor unpopulären - aber notwendigen - Maßnahmen drücken, um keinen Legitimationsverlust zu erleiden.

Eine moderatere Haltung konstatiert - mit leicht melancholischem Unterton -, daß die Fahrzeugindustrie ihren Höhepunkt überschritten habe, daß die gesellschaftliche Reserviertheit gegenüber dem Auto zunehme und daß man sich daher um neue Verkehrssysteme bemühen müsse.

Im großen und ganzen wird aber die *Lösbarkeit dieses Problems* vermutet, auch wenn es da und dort noch Schwierigkeiten geben werde. Es wird eine positive Entwicklung in Richtung Ausbau des öffentlichen Verkehrs und Verbesserung des Individualverkehrs festgestellt: im Verbund mit Technik und Gesetzgebung werde letztlich auch das Umweltproblem Verkehr zu lösen sein. Man müsse das Problem ganzheitlich sehen, da es sehr komplex sei:

> *"Sie müssen wahrscheinlich den Benzinpreis erhöhen, sie müssen wahrscheinlich über Gesetzgeber diese Maßnahmen, sie müssen die Verbraucher, die Konsumenten erziehen, sie durch Förderung oder eben durch qualitativeres Denken, da gehört ein Umdenken dazu, also in jedem Bereich gehört etwas getan" (7).*

Wenn wir kurz zusammenfassen: beim Thema Verkehr sind sehr ausgeprägte konzeptuelle Überlegungen vorhanden, bestehen klare Vorstellungen von Entwicklung und Problemlösungsmöglichkeiten in diesem Bereich. Mobilität wird als Grundbedürfnis des Menschen vorgestellt, die ihren Ausdruck in der "heiligen Kuh Auto" findet, weshalb auch die weitere Zunahme des Verkehrs erwartet wird. Lernfähigkeit auf seiten des mobilen Individuums wird jedoch nur dann erwartet, wenn der Verkehr kollabiert, d.h. wegen quantitativer Überlastung der absolute Stillstand eintrete. Aus ökologischen Gründen wird das Individuum wahrscheinlich nur unter bestimmten Bedingungen (hoher sozialer Status, hohes Einkommen) lernfähig sein und wie die befragten Manager z.B. Dieselfahrzeuge verwenden.

In bezug auf das Autofahren wird eine klare betriebswirtschaftliche Kosten-Nutzen-Rechnung sichtbar: solange die Negativa des Autofahrens noch nicht die Positiva überwiegen, ist ein Um-/Ausstieg nicht vorstellbar.

Eine Sowohl-Als-Auch-Haltung tritt sehr oft auf: einerseits müßte der öffentliche Verkehr ausgebaut werden, andererseits sollte aber auch die Infrastruktur des Individualverkehrs verbessert werden. Wie sollten nun die Probleme des Verkehrs gelöst werden? Durch

- entsprechende Gesetzgebung;
- die Weiterentwicklung und die verpflichtende Verwendung der neusten Technik; jedoch nicht durch Einschränkung des Einzelnen;
- die Verpreisung des Autofahrens (gerechte Preise; alle Kosten in Rechnung stellen);
- den Ausbau der öffentlichen Verkehrsmittel;
- die Aussperrung des Individualverkehrs aus Ballungszentren (Städten) und die Schaffung entsprechender Alternativen.

Öffenliche Verkehrsmittel müßten stärker ausgebaut werden, und dazu müßten auch die Politiker die entsprechenden Entscheidungen treffen, was bisher nur ansatzweise der Fall sei. Die Bahn sei als Güter- und Personentransportmittel stärker zu forcieren, wenngleich fraglich sei, ob dies im bisherigen Rahmen der nicht-privatwirtschaftlichen Organisation der Bundesbahn möglich sein werde. Letztlich werde aber - trotz bzw. wegen eines drohenden Kollapses des Verkehrs - dieses Problem lösbar sein.

5.4.2 Das Ozonloch: wissenschaftliche Schimäre oder alltägliche Bedrohung?

Wie schon in der Einleitung kurz angeführt, haben wir die Manager auch mit einem unsichtbaren globalen Problem konfrontiert, nämlich der Ozonproblematik. Gerade vor dem Hintergrund der zunehmenden Befürchtungen über ein entstehendes Ozonloch, über die Zerstörung der schützenden Ozonschicht und dem Zusammenhang mit dem Treibhauseffekt schien uns diese Frage sehr wichtig. Wie interpretieren die Manager diese Problematik, wird sie als bedrohlich wahrgenommen, wie gehen die Manager mit Informationen über dieses Thema um, wie hängt es mit ihren Weltsichten zusammen?

Generell kann gesagt werden, daß die *Ozonproblematik* von jedem unserer Interviewpartner *wahrgenommen* wird. Keiner leugnet das Problem bzw. seine längerfristige Dringlichkeit:

"Mit dem Ozonloch, nicht, das ist ja ein Wahnsinn, man muß ja schon eine Angst haben, wenn man, wenn man, die Sonne scheint und im Freien ist, weil ich meine, ich finde, da sollten halt auch, da sollte auch eine bessere Information sein, sagen wir diese Messungen, ich habe mir z.B. letzten Sonntag gedacht, na bitte, heute scheint die Sonne, okay, was weiß ich, wie in X. jetzt die Ozonsituation ist, na keine Ahnung, ja, ich finde, das müßte irgendwie, da müßte die Information auch noch besser werden, weil man hat ja nicht die Zeit, vor allem dann nicht, wenn man sowieso schwer beruflich engagiert ist, daß man sich persönlich jetzt um Informationsquellen kümmert (...) daß es eine Gefahr ist, denke ich mir dabei, natürlich denke ich mir das, ich meine, ich glaube nicht, daß diese Befürchtungen völlig unbegründet sind" (10).

Die Ozonproblematik wird hier als diffuse Gefahr wahrgenommen, die bei Sonnenschein lauert; jedoch sei es sehr schwer, Informationen über die Ozonsituation zu bekommen. Wenn man z.B. einen Ausflug machen wolle, sei kein Zugriff auf verläßliche Informationen gegeben.

Ein anderer Interviewpartner sieht den Treibhauseffekt als zweites großes Problem der Menschheit:

"Das zweite, das zweite große Problem, das ich sehe, ist das des global warmings, also des des Treibhauseffekts; wenn's stimmt, darüber wird ja nach wie vor gestritten, aber es spricht doch einiges dafür, daß hier tatsächlich man sich in gefährliche Regionen begibt; und das ist also dann sicherlich kein geritztes Problem; da kommt also auf die Welt noch sehr viel zu, denn der vom Verkehr gemachte CO_2*-Ausstoß ist ja nicht mehr wie 10 - 15 % das der gesamten* CO_2*-Produktion; also hier ist Hausbrand und Industrie und so manches andere*

ja weit weit stärker dafür verantwortlich, und egal, was mit dem Auto passiert" (16).

Zwar werde noch darüber gestritten, aber es spreche doch einiges dafür, daß sich die Menschen hier in gefährliche Regionen begeben. Auch bezüglich der Verantwortlichkeit für die CO_2-Produktion ist sich der Befragte im klaren: nicht das Auto sei hier hauptsächlich verantwortlich, sondern Industrie und Hausbrand, die einen weit größeren CO_2-Ausstoß hätten. In dieser Interviewpassage werden zwei Faktoren angesprochen, die für die Befragten bei dieser Problematik relevant sind:

1. die Frage, wie weit man die ganze Problematik überhaupt schon erkannt habe und
2. wer denn nun wirklich als Verursacher des Ozonlochs zu gelten habe.

Bezüglich der *Ursachenerkennung* in diesem Bereich besteht Skepsis:

"Na ja, das Ozonloch, das entsteht ja durch die durch die Reduktion der schützenden Schicht in der Atmosphäre, das ist sicherlich die Frage, wieweit jetzt wirklich alle Ursachen erkannt sind" (15).

Und:

"Kein Mensch weiß, ob das nicht ein, ein kosmologisches Phänomen ist, das es immer schon gegeben hat, das es nur, das nur wir jetzt sehen, weil wir die Meßinstrumente haben um es zu sehen und weil es sehr wohl einen naturwissenschaftlichen Zusammenhang zwischen FCKW und Ozon gibt, aber kein Mensch sagt, daß das wirklich, daß es einen Ursachen-Wirkungszusammenhang gibt" (14).

In dieser Passage wird zusätzlich zur bestehenden Skepsis auch die Frage aufgeworfen, ob es nicht möglicherweise die uns jetzt zur Verfügung stehenden Meßinstrumente erlauben, etwas zu messen, was immer schon bestanden habe. Trotz dieser Skepsis bezüglich des Standes der wissenschaftlichen

Erforschung der Ozonproblematik wird aber die potentielle Gefährlichkeit dieses Umweltproblems von allen anerkannt.

Zumindest teilweise wird aber auch darauf hingewiesen, daß es sich hierbei um ein *wissenschaftliches Problem* handelt, d.h. um einen Streit zwischen Wissenschaftlern:

> *"Wo die eigentlichen Faktoren sind, wie der Mechanismus geht, welche Zerfallsprodukte bewirken in welchen Schichten der Atmosphäre was, das müßten wir einmal vorrangig herauskriegen und da sollte man viel lieber Geld investieren, in Forschungsprojekte meiner Meinung nach, daß man also daraufkommt, wo kann ich wirklich gezielt ansetzen" (9).*

Die wissenschaftskritische Haltung kann allerdings manchmal so weit gehen, daß jegliche persönliche Beurteilungskompetenz verweigert wird. Dann wird "der" Wissenschaft letztlich die ganze Kompetenz zugeschrieben, ohne wissenschaftlich schlüssige Information könne/dürfe der Nichtfachmann sich keine Meinung bilden.

Wenn einerseits nun die wissenschaftliche Erforschung des Problems in den Kinderschuhen steckt, die Ursache-Wirkung-Verkettungen noch weitgehend unbekannt sind, andererseits aber die Wissenschaft auch nicht unbedingt zuverlässig scheint, was ist dann zu tun?

Angesichts der (wenn auch noch nicht schlüssig erforschten) Problematik werden bezüglich zu ergreifender Maßnahmen zwei Haltungen sichtbar: einmal die *Warnung vor kurzschlüssigem Aktivismus*, der angesichts ungenauer Daten und unklarer Ursachenzusammenhänge unsinnig sei:

> *"Solange man...nicht wissenschaftlich schlüssig weiß, was eigentlich Einfluß, Einfluß oder welche Größen wirklich die Einflußgrößen sind, hat es wenig Sinn herumzudoktorn oder, egal was man macht, es ist ein Herumdoktorn, nicht, es hat jemand eine Krankheit, ich weiß nicht*

genau, was es ist, aber ich fange halt mit Aspirin an und schaue einmal, ob es wirkt, und wenn das nicht ist, dann nehme ich etwas anderes und probiere mich eben so durch, so ähnlich sehe ich also hier die Problematik" (9);

zum anderen besteht fast durchgängig *Verständnis für Maßnahmen*, die nur irgendwie diesen schleichenden Prozeß aufhalten könnten:

"Ich glaube, daß wir in den letzten zehn, fünfzehn Jahren Riesenschritte vorwärts gemacht haben, ich glaube, daß das auch so weitergehen wird, ich glaube, daß wir gezielt an diesen Problemen mehr arbeiten, ich habe das eigentlich sehr positiv gefunden, z.B. wie die Fluorkohlenwasserstoffe aus den ganzen Spraydosen" (6).

Durch entsprechende Gesetze im Bereich der Produktion und des Verkehrs und durch einen sich fortsetzenden Bewußtseinswandel wird das Problem für Europa als lösbar eingeschätzt. Zwei *hindernde Faktoren* werden allerdings geortet: zum einen die *weltweite Vernetzung des Problems*, wie sie zum Beispiel mit der Regenwaldabholzung bzw. der FCKW-Produktion in der Dritten Welt bzw. den Schwellenländern gegeben ist; zwar gebe es schon internationale Organisationen, die einigermaßen funktionierten und die Prozesse beobachteten, notwendig wäre aber ein internationaler Umweltgerichtshof, wo auch einzelne Länder zur Verantwortung gezogen werden könnten. Diese internationale Überwachung und Kontrolle ist aber nicht gegeben:

"Ich meine, beim beim Regenwald, da kann man wenigstens noch vielleicht mit einem Flugzeug darüberfliegen und sieht was passiert. Wenn in der Sowjetunion FCKW produziert wird irgendwo, dann werden wir das wahrscheinlich nicht feststellen und nicht kontrollieren" (11).

Zum zweiten die *Langfristigkeit der Problematik* und die *nicht unmittelbare Bedrohung des einzelnen*, die auch den notwendigen Bewußtseinswandel nur langsam fortschreiten lassen:

"Wieder eine Frage, die noch tief ins Bewußtsein hinein muß, das Problem wird als Mantel angesehen und andere sind aber schon die Unterwäsche oder das Hemd, das ist noch ein bißchen weit weg und man hört und man weiß und man liest, aber in der, in der Gesamtbedrohung, na ja, irgendwo hoch oben ist halt ein Loch, jetzt ein bißchen größer...ist auch wahrscheinlich eine Geschichte, wenn Sie es von der Fristigkeit anschauen, also ich glaube, unserer Generation wird das nicht mehr wehtun, wohin auch immer die Entwicklung geht, nur in der Verantwortung für die kommende Generation müssen wir etwas tun...Was wir da tun müssen, das glaube ich, weiß ich, das weiß ich, daß ich es nicht weiß, aber ich glaube auch, daß es andere noch nicht so richtig wissen" (5).

Mangelnde Dringlichkeit und (noch) keine unmittelbare Betroffenheit bzw. persönliche Schädigung lassen den Weg zum Bewußtseinswandel als hindernisreich erscheinen. Änderungen werden aus dieser Sicht erst sehr spät eintreten, denn der Mensch habe die Tendenz, nicht überschaubare Dinge wegdenken zu wollen:

"Und die größte Katastrophe vergessen wir ganz einfach. Die größte Katastrophe ist ganz einfach der steigende Energiebedarf; das ist das Hauptanliegen und kann zu einer Katastrophe für die Erde führen; das ist wieder so kompliziert, daß wir es nicht überschauen können. Und darum reden wir recht wenig davon" (2).

Wenn wir nun die in der Überschrift aufgeworfene, überspitzt formulierte Frage resümierend aufnehmen:von den Managern wird weder das Ozonloch als wissenschaftliche Schimäre gesehen, noch wird es als alltägliche Bedrohung wahrgenommen. Die Wahrnehmung spielt sich vielmehr zwischen diesen beiden Polen ab: das Problem wird als solches gesehen und vor allem in seiner längerfristigen Bedrohung für die Menschheit betont. Es wird jedoch auch auf die wissenschaftliche Unsicherheit in der Beurteilung der Wirkungszusammenhänge und Verursacher hingewiesen und deshalb kurzschlüssiger Aktivismus abgelehnt. Wichtiger wären weitere Forschungsarbeiten und schlüssigere Ergebnisse, obwohl damit die Frage der Parteilichkeit der Wissenschaft nicht auszuschalten sein würde. Positiv (trotz der wissenschaftlichen Unsicherheit) werden Aktivitäten in Richtung gesetzlicher Regelungen bewertet, Europa müßte das Problem lösen können, wenngleich die weltweite Vernetzung hier Handlungsbarrieren aufrichtet. Bewußtseinswandel wird als wichtig eingeschätzt, auch wenn die nicht unmittelbar gegebene Dringlichkeit bzw. die noch nicht vorhandene persönliche Schädigung als Hemmschuh gesehen werden.

6. Zur Interpretation der Ergebnisse

Zunächst fassen wir die wesentlichsten Ergebnisse des Forschungsprojekts zusammen.

A. Die betriebliche Lebenswelt

Wahrnehmung und Interpretation ökologischer Belange in der betrieblichen Lebenswelt sind in bestimmte Identitätsmuster eingebettet. Aufschluß über diese geben die Selbstbeschreibungen der Manager, die sich als eine Gruppe charakterisieren, für die

- Engagement,
- Festlegung von, Identifikation mit und Durchsetzung von bestimmten Zielen,
- Selbstkontrolle und -disziplin sowie immer wieder zu erneuernde Motivation und
- Gestaltbarkeit und zum Ziel führende Organisation

typische und - aus ihrer Sicht - für die Erfüllung betrieblicher (Führungs-) Funktionen notwendige Attribute darstellen. Diese Selbstsicht weist eine hohe Affinität zu einer bestimmten Art von Rationalität und Wirklichkeitszugang auf: Zweck-Mittel-Kalkulationen, Planbarkeits- und Berechenbarkeitskalküle, technische und organisatorische Umsetzbarkeit sowie Finanzierbarkeit sind wesentliche Kriterien dafür, wie (auch) Umweltbelange im betrieblichen Kontext wahrgenommen und eingeschätzt werden. Das bedeutet, daß ökologisches Denken und Handeln im unternehmerischen Bereich nicht als Wert an sich, als sinn- und verantwortungsvoller Beitrag der Unternehmen für die Gesellschaftsentwicklung verstanden wird, sondern sich als mit den zentralen Aufgaben der Betriebe anschlußfähig und kompatibel erweisen muß. So kann umweltgerecht(er)es Handeln für ein Unternehmen zum einen erhöhten Kostenaufwand (durch erhöhten Arbeitsaufwand, mehr umwelttechnikbezogene Investitionen, Veränderungen der Organisationsstruktur), zum anderen mehr "Geschäft" bedeuten, indem z.B. umweltverträglichere Technologien entwickelt und den Mitkonkurrenten als Umwelt-Know-How angeboten werden, ökologischere Produkte mehr Anklang beim Kunden, mehr Absatz und damit verbesserte Marktchancen mit sich bringen können. Das aus managerieller Sicht in der betrieblichen Lebenswelt vorherrschende Wahrnehmungs- und Interpretationsmuster wird demnach fast zur Gänze durch ökonomische und technisch-machbare Abwägungen und Überlegungen bestimmt.

Diese verkürzte und einseitige Sichtweise von (ökologischer) Wirklichkeit läßt die von Managern betriebene ökologische Selbstdarstellung der Unternehmen in einem etwas anderen Licht erscheinen. Nach ihrer Einschätzung

- sind die Unternehmen ständig bemüht, bei ihrem Schaffen die Umwelt so wenig als nötig zu belasten (gemeint sind fast ausschließlich gesetzlich vorgeschriebene Umweltschutzinvestitionen im technischen und baulichen Bereich),
- haben die Unternehmen den Umweltschutzgedanken in Unternehmensleitbild und -politik bereits eingebaut bzw. werden ihn in Zukunft stärker berücksichtigen.
- sind sie selbst Vorreiter und Antreiber gegenüber ihren Mitarbeitern in Umweltschutzangelegenheiten, zumindest unterstützen sie derartige Bemühungen.

Betriebsexterne Gruppen bzw. Bereiche, die in ökologischer Hinsicht Druck auf die Unternehmen ausüben, werden ebenfalls nach rational-ökonomischen Kosten-Nutzen-Überlegungen interpretiert. So werden umweltpolitische Vorgaben in Form von Gesetzen fast ausschließlich nach ihrer zeitlichen Planbarkeit, finanziellen Kalkulierbarkeit (und damit ihrer marktbezogenen Auswirkungen) sowie der technischen Machbarkeit beurteilt; ob die in den Vorschriften enthaltenen inhaltlichen Zielvorgaben sinnvoll sind, d.h. die Umwelt vor weitergehender Verschmutzung bzw. Zerstörung effektiv zu schützen in der Lage sind, spielt bei einer derartigen Betrachtungsweise eine bloß untergeordnete Rolle.

Schwierigkeiten ergeben sich mit jenen Gruppen, die sich - aus der Sicht der Befragten - nicht an rationale Kriterien halten: Umweltschützer, Anrainer und die Medien. Ihnen allen wird unterstellt, daß sie einem rationalen Diskurs (mit der Industrie) abhold und nicht diskussionsfähig sind, letztlich irrationale und nicht umsetzbare Vorstellungen und Ansinnen vorbringen; ihnen gehe es nicht um die Sache, sondern darum, ins öffentliche Rampenlicht zu treten; noch dazu verstünden sie nichts von den wirklichen Problemen des Umweltschutzes.

Das potentielle Bedrohungspotential, das diese Gruppen für die Industrieunternehmen symbolisieren, wird differenziert wahrgenommen: Umweltbewegte und Anrainer stellen keine wirkliche Gefährdung für die Unternehmen dar, da sie entweder für ihre oft jeder Grundlage entbehrenden Anschuldigungen eine nur beschränkte öffentliche Aufmerksamkeit erhalten oder durch PR-Maßnahmen der Betriebe "richtig informiert" werden und einsehen, daß ihre Vorbehalte unangebracht sind.

Bedrohlicher werden die Medien wahrgenommen, die in ihrer Berichterstattung das ökologische Fehlverhalten "vereinzelter schwarzer Schafe" dem gesamten Industriesektor anlasten und minimale Vorkommnisse zum Anlaß nehmen, der gesamten Industrie den "ökologischen Schwarzen Peter" zuzuschreiben. Am bedrohlichsten erscheint den Befragten eine Kombination aus Umweltschützern und Medien, wobei sich letztere v.a. für Zwecke der grünen "weltfremden Fundamentalisten" instrumentalisieren lassen.

Der von den Managern antizipierte ökologische Druck des betrieblichen Umfelds hat dazu geführt, daß in der unternehmerischen Lebenswelt eine Fülle von umweltschützenden Maßnahmen getätigt werden mußten, "freiwillig" eingeführt worden sind bzw. behauptet werden. Als zentraler Modus ist wiederum die ökonomische Rationalität zu nennen: politische Vorgaben in Form von Gesetzen bzw. Verordnungen werden ebenso wie Entscheidungen darüber, ob umweltbezogene Maßnahmen aus Markt- und Konkurrenzgründen eingeführt werden oder nicht, danach interpretiert bzw. getroffen, ob sie sich als mit unternehmensstrategischen Zielen (z.B. für Zwecke der Image-Förderung des Betriebs) und/oder mit den damit zusammenhängenden Kosten bzw. Mehrausgaben verknüpfbar erweisen. Ökologisch orientierte Maßnahmen betreffen insbesondere die Bereiche Produktion und Abfall (fast ausschließlich aufgrund gesetzlicher Bestimmungen), Produktgestaltung (Recycling), Marketing (Information der Konsumenten), die betriebliche Organisationsstruktur (Schaffen der Stelle eines Umweltschutzbeauftragten) sowie die Mitarbeiter (Schulungen an umweltverträglicheren Geräten, Weiterbildungskurse).

B. Die private Lebenswelt

Aufgrund der intensiven beruflichen Belastungen und zeitlicher Absenz ist den Managern eine bloß geringe faktische Teilnahme am Familienleben möglich. Für ihre Identität und in ihrer Biographie kommt der Familie aber normativ und emotional eine herausragende Bedeutung zu. Die Haushaltsführung wird im allgemeinen der Ehefrau überlassen, die - so die vorherrschende Einschätzung - tendenziell ökologisch wirtschaftet. Das konstatierte ökologische Engagement von Ehefrau und Kindern wird unterschiedlich beurteilt: es oszilliert zwischen Respekt und Bewunderung auf der einen, Kopfschütteln und Ablehnung auf der anderen Seite. Vor allem die Kinder werden als Träger eines Wertewandels identifiziert, der im wesentlichen als Abkehr von bzw. Kritik an der Leistungsnorm wahrgenommen wird.

Die Familie ist jener Ort im Leben der Manager, an dem sie mit anderen, alternativen Lebensperspektiven und Identitätsentwürfen konfrontiert werden und sich in irgendeiner Form damit auseinandersetzen müssen. Es lassen sich zwei Typen von Bewältigungsstrategien ausmachen: einmal eine Verunsicherung der in der beruflichen Lebenswelt ausgebildeten und als selbstverständlich angesehenen rationalen und ökonomischen Bewußtseinsstruktur, mit der Möglichkeit, eingefahrene Problemsichten zu erweitern; zum anderen ein striktes Abwehrverhalten gegenüber derartigen Konzepten. In jedem Fall scheint aber ein Einsickern ökologischer Werthaltungen in die berufliche Identität der Manager stattzufinden.

Die Brüchigkeit der nach hochgradig betriebswirtschaftlichen Gesichtspunkten konstruierten beruflichen Identität und Wirklichkeitssicht wird noch dadurch unterstützt, wenn sich der Manager in der Rolle des Konsumenten erlebt, der den Versprechungen der Warenproduzenten hinsichtlich umweltgerechter Produkte skeptisch gegenübersteht. Auch im Freizeitbereich (z.B. beim Schifahren) erfährt bzw. erlebt er, daß die in der betrieblichen Welt vorherrschenden rationalen Instrumente der Steuerung und Kontrolle nur begrenzt vor weiterer Umweltzerstörung schützen, ja oftmals das Gegenteil hervorrufen.

Die private Lebenswelt wird von den Managern vor allem wegen der Möglichkeit, mit anderen Weltsichten konfrontiert zu werden, eher als Problem erlebt. Hier scheinen die die berufliche Identität stiftenden Vorstellungen der technischen Machbarkeit, der Arbeitsdisziplin, der Steuerung, Organisierbarkeit und Planbarkeit nicht mehr zu greifen und problemlösend zu wirken, weshalb eine resignative Distanzierung vor diesem Lebensbereich als typische Grundhaltung zutage tritt. Der private Lebensbereich läßt die im Beruf vorherrschende rationale Weltsicht brüchig werden, in ihm werden den Managern die Grenzen und die eingeschränkte Problemlösungskapazität einer ökonomischen und technischen Rationalität bezüglich ökologischer Fragen deutlich vor Augen geführt. Der Privatbereich bietet aber zugleich die Möglichkeit, neue und andere Perspektiven hinsichtlich der Umweltproblematik kennenzulernen, denn

- in der Familie sind die Manager am ehesten für eine qualitativ andere Sensibilisierung für das Umweltthema empfänglich,
- als Konsumenten können sie am ausgeprägtesten Umweltschäden und -zerstörung sowie deren Folgen sinnlich wahrnehmen.

C. Politik, Technik und Weltentwicklung

Generell wird dem politischen System begrenzte Handlungsfähigkeit attestiert, da es wegen struktureller Mängel (Rücksichtnahmen auf Lobbies, kurzfristige Wahlinteressen, Rekrutierungsdefizite, Ziellosigkeit der Politiker, Bürokratismus usw.) nicht in der Lage sei, den Erfordernissen ökologischer Politik Rechnung zu tragen und deshalb für viele Handlungsbarrieren in ökologischer Hinsicht verantwortlich gemacht wird. Von dieser Negativzeichnung des politischen Systems werden aber "Manager-Politiker" ausgenommen; diese legen tendenziell unternehmerisches Handeln an den Tag, entwickeln Ziele und Visionen und setzen trotz Gegendruck ihre Linie durch. Diese Wertschätzung betrifft vor allem solche Politiker, die selbst einmal Manager waren.

Obwohl jedoch im politischen System schwere Defizite geortet werden, werden in unserer Untersuchung gesetzliche Regelungen bei der Umsetzung ökologischer Anliegen als unverzichtbar angesehen. Politische Vorgaben werden durchgehend gefordert, einerseits wegen der Möglichkeit langfristiger Planung, andererseits wegen der potentiell egalitären Wirkung von Gesetzen, da sie für alle Betriebe gelten und daher auch möglichen Wettbewerbsnachteilen entgegenwirken.

Während die Rationalität politischen Handelns den Managern nur begrenzt einsichtig erscheint, erweisen sich Wissenschaft und Technik als Hoffnungsträger bezüglich der Lösbarkeit ökologischer Probleme. Der "Stand der Technik" und die technische Beherrschbarkeit werden zum non plus ultra ökologischer Problemlösung. Sollten bestimmte Probleme zum jetzigen Zeitpunkt noch nicht lösbar sein, so werden Wachstum und technische Entwicklung in Zukunft auch hier Abhilfe schaffen. Man kann von einer technikoptimistischen "Vorwärtsphilosophie" sprechen: Umweltschutz soll prinzipiell mit Hilfe von Technik betrieben werden. Dahinter steht die Vorstellung, daß mehr auf technische als auf politische Rationalität Verlaß ist. Gleichzeitig werden aber auch die Risiken von Großtechnologien den Vorteilen gegenübergestellt: fast alle unserer Befragten äußern sich kritisch gegenüber der friedlichen Nutzung der Kernenergie. Tschernobyl habe gezeigt, daß die Risiken dieser Technologie größer seien als der Nutzen, und daher deren Einsatz unverantwortlich sei.

Ein Bereich, der sich für die Manager ebenfalls rationaler Überlegung entzieht, ist die globale Perspektive, eingeschlossen die ökologischen Probleme. Zumeist erscheint die "Weltproblematik" den Managern als überbordend, als nicht mit rationalen Mitteln faßbar und damit als angsterzeugend. Bezogen auf Weltprobleme (Überbevölkerung, globale Naturzerstörung, Arm-Reich-Unterschiede usw.) zeigt sich in den Interviews fast durchgehend eine "katastrophische Weltsicht". Diese äußert sich in Vorstellungen von Naturkatastrophen, Hungersnöten, Seuchen, die gleichsam regulierend eingreifen werden und dadurch als "natürliche Lösungen" der Probleme wirksam werden (oder werden sollen). Hinter diesen Negativvisionen steht ein im Grunde negatives Menschenbild, viele der Entwicklungen werden gleichsam "anthropologisiert". Diese Argumentationsmuster kommen im übrigen immer dann vor, wenn es darum geht, nicht rational faßbare Zusammenhänge zu erklären: menschliche (damit auch unveränderliche) Eigenschaften werden dafür verantwortlich gemacht, daß - im schlimmsten Fall - die Menschheit in die Katastrophe steuert bzw. - im weniger schlimmen Fall - Menschen auch im Alltag ressourcenvergeudend handeln.

Wenn nun Österreich, Europa und die Dritte Welt miteinander verglichen werden, so zeigt sich eine Wahrnehmung im Sinne konzentrischer Kreise: Österreich und Europa werden als Vorreiter in ökologischer Hinsicht dargestellt; Osteuropa erscheint als wirtschaftliches Hoffnungsland, das seine (auch ökologischen Probleme) mit Hilfe der österreichischen Unternehmen in ca. zehn Jahren bewältigt haben wird; die Dritte Welt dürfte jedoch weitgehend dem Untergang geweiht sein. Auch bei dieser Interpretation werden Reichweite und Grenzen der ökonomischen Rationalität sichtbar: was in wirtschaftlichen und technischen Kriterien faßbar scheint, fordert die Aktivität und den Enthusiasmus der Manager heraus; was sich jedoch dieser Wirklichkeitssicht entzieht, wird ausgeblendet oder letztlich mit naturalistischen Interpretationen ins Unveränderliche abgeschoben. So fällt auf, daß im Hinblick auf ökologische Weltprobleme die Vernetzung der eigenen Industrie überhaupt nicht thematisiert wird, viele Probleme monokausal gesehen werden, daß Kreativität und Ideenreichtum nur soweit präsentiert werden als das eigene unternehmerische Handeln reicht.--

Betrachtet man die Ergebnisse des Forschungsprojekts im Lichte der in Kapitel 2 angestellten Überlegungen zum Zusammenhang von Alltagsbewußtsein und Umweltthematik, so ergeben sich einige Perspektiven, die wir im folgenden kurz diskutieren wollen.

Für Manager gilt generell, daß sie Expertenfunktionen im ökonomischen Subsystem innehaben. Diese Position impliziert ein hohes Maß an Systembindung: Eliten mit Steuerungs- und Gewährleistungsfunktionen müssen im Allgemeinen Basisorientierungen internalisieren, weil sie sonst kaum imstande sind, die erforderlichen Leistungen zu erbringen. Hohe Anforderungen und hohe Verantwortung erlauben nur begrenzt Distanzierungen und Alternativorientierungen - und zwar über den unmittelbaren Geltungsbereich hinaus. Für Manager heißt dies vor allem, daß die Basisprinzipien des technisch-ökonomischen Prozesses überragende Bedeutung haben und bevorzugt auch auf andere Lebensbereiche übertragen werden.

Zu berücksichtigen ist dabei, daß die kapitalistisch organisierte Ökonomie sich in einem Zustand ständiger, konkurrenzhaft organisierter Weiterentwicklung befindet. Das heißt zum einen: es bedarf einer permanenten Aufrechterhaltung der Konkurrenzfähigkeit (also: ständiger Aktivität und Aufmerksamkeit), der ständigen Weiterentwicklung der eigenen Leistungen in Relation zu systemimmanenten Kriterien. Das heißt weiters: Themen können nicht allzulange latent gehalten werden, sondern müssen definiert werden, und zwar auf eine Weise, die (bezogen auf die eigene Situation) identifizierbare Zweck-Mittel-Kalküle und hierarchisierbare Problemlösungen ergeben. Erst auf diese Weise "formatiert" können Themen bearbeitet werden. Dies bedingt in gewisser Weise auch die Sozialorganisation von Entscheidungsprozessen: statt diskursiv-kollektiver Formen werden im allgemeinen hierarchisch-individuelle bevorzugt. Schließlich darf nicht übersehen werden, daß dieser Konkurrenzkampf auf der Systemebene, aber auch innerhalb der jeweiligen Arbeitsorganisationen selbst nach ebenso einfachen wie im Prinzip ausnahmelosen Regeln stattfindet - was ihn zugleich wegen der Vielfalt der verwendbaren Mittel unkalkulierbar und kompliziert werden läßt. Der Kampf um Marktanteile wird ebenso wie der um Positionen in harter Auseinandersetzung geführt.

Vor dem Hintergrund der von ihnen besetzten Position im Wirtschaftssystem wird verständlich, warum Manager exklusiv mit einem betriebswirtschaftlich-technischen Denkmuster operieren: es ist dies das einzige, welches in ihrer Arbeitswelt gilt. Sie tendieren dazu, das bestehende System als einzig mögliches zu hypostasieren (d.h. nicht zuletzt: Wandel kann nur aus Anwendung und Fortsetzung des gültigen Prinzips erfolgen), und gleichzeitig davon ausgehen, daß alle Probleme mit seinen Mitteln zu lösen sind. Problemlösung heißt: klare Zieldefinition, Festlegung der Rahmenbedingungen und Durchführungsbestimmungen, Anordnung und Kontrolle. Die damit verbundene Selbstdefinition dürfte weitgehend durch die Vorstellung hohen Engagements, ständiger Einsatzbereitschaft, Leistungsorientierung, des Vorantreibens und Vorangetriebenseins geprägt sein. Beherrschte Vorwärtsbewegung ist der dominante Modus der Problembewältigung; er wird so weit wie möglich auf alle Lebensbereiche angewendet. Damit ist ex negativo auch definiert, welche Themen, Prinzipien, Lebensweltstrukturen als nicht kompatibel erfahren werden. Schwierigkeiten bereiten zunächst Meta-Diskurse, also Auseinandersetzungen über die Gültigkeit von Zielen selbst; Schwierigkeiten bereiten Themen, die nicht in technisch-ökonomische Lösungskategorien übersetzbar sind; Schwierigkeiten bereiten schließlich Strategien, Entwicklungen, Orientierungen, die nicht diesen Kategorien entsprechen. Das schließt beispielsweise ein: (aus dieser Perspektive so etikettierter) "unökonomischer" Umgang mit Zeit, Material, Ressourcen sowie "undisziplinierte" und "unengagierte" Lebensführung.

Entsprechend gering ist bei Managern das Verständnis für hedonistische bzw. post-moderne Lebensorientierungen im Sinne von Inglehart (1977), für sogenannte alternative Subkulturen, aber auch für den gesamten politischen Prozeß, in dem unentwegt taktische Aktionen stattfinden, Darstellung (statt "Leistung") zählt, ("faule") Kompromisse ausgehandelt werden etc. Man könnte auch so sagen: in ihrer Welt stehen Manager zwar unter ständigem Funktionsdruck, aber sie fühlen sich in dieser (im Prinzip berechenbaren) Welt kognitiv wie emotional zuhause. Soweit sich die in ihrer Welt geltenden Prinzipien ausdehnen lassen, haben sie auch außerhalb Orientierungsmöglichkeiten, was dazu führt, daß sie dies extensiv tun. Wo dies nicht mehr geht, beginnt für sie das Chaos, das Unkontrollierbare, das sie in Kauf nehmen.

Betrachtet man die Modi des Umgangs mit ökologischen Themen, die Manager verwenden, so zeigt sich, daß diese wesentlich durch die Konfrontation verschiedener Welten bestimmt sind. Ein genuiner Zugang zu ökologischen Denkweisen hat im Kontext ökonomisch-technischen Denkens keinen Platz; die exklusive Dominanz sachlich-instrumenteller Schemen grenzt kognitive Schemen, die auf Balance, Zyklizität und Ausgleich basieren, weitgehend aus. Wenn aus der Systemperspektive Stillstand als Tod, rationale technische Nutzung als selbstverständlicher Umgang mit Dingen und Personen erscheint, lösen ökologisch orientierte Vorstellungen negative Konnotationen aus. Diese machen sich vorrangig an Lebensphilosophien fest, an sozialen Praktiken und an Attributen der Lebensführung. Fremd erscheint den Managern mangelnde Leistungsorientierung; regelrecht bedrohlich erscheinen ihnen Leistungsverweigerer, "Diskutierer", denen eine redliche Motivation abgesprochen wird und die als bloßer Sand im Getriebe eingeschätzt werden. Vor allem auf (vermutetem oder wirklichem) Fundamentalismus - die Orientierung an einer wertorientierten statt einer instrumentell orientierten Ethik - reagieren Manager empfindlich, weil und wo dies nicht zur Vorstellung "vernünftiger" Mittelverwendung paßt.

Ökologische Probleme und Diskurse lassen sich daher weder durch Ausweitung des eigenen Paradigmas noch durch Importieren in das Systeminnere angemessen thematisieren. Beides scheitert letztlich an den nicht verarbeitbaren kognitiven und sozialen Gegensätzen zwischen den Implikationen der technisch-ökonomischen Orientierung und gegenwärtiger Formen von Ökologie-Konzepten. Entsprechend schwach fallen daher in den meisten Interviews die empirischen wie reflexiven Bezüge aus. Man trifft häufig auf Tendenzen, die Problematik zu verniedlichen und die Reliabiliät von ökologischer Kritik zu bestreiten. Außerdem werden die eigenen (eher bescheidenen) Aktivitäten meist als angemessen und nicht sinnvoll verbesserbar bezeichnet.

Kritik wird daher meist durch den Verweis auf objektive Zwänge und Grenzen des (sinnvoll) Vertretbaren unterlaufen; implizit werden die Verhältnisse als weitgehend optimiert dargestellt. Genauer gesagt findet eine Art Spaltung statt. Im Eigenbereich werden die Dinge als kontrollierbar und (weitgehend) kontrolliert eingeschätzt, in fremden Lebensbereichen erscheinen sie als unkontrolliert (und unkontrollierbar). So wird in der eigenen Firma alles, was sinnvollerweise getan werden kann, getan; im Urlaub in Österreich hingegen erleben die Manager von Massen ruinierte Skipisten, in Italien verdreckte Strände. In der Dritten Welt schließlich erscheint ihnen die Lage als hoffnungslos. Entsprechend abgestuft sind auch die Perspektiven: die Nahwelt erscheint auf dem besten Weg bzw. wird das noch Nötige und Mögliche (bald) getan, wenn die entsprechenden Rahmenbedingungen vorgegeben werden; in den umgebenden Regionen erscheint die Lage als schwierig, aber durch Interventionen und Kontrollen bewältigbar; in der fremden Ferne jedoch sind dagegen keine Lösungen außer Kataklysmen mehr denkbar.

Die Ergebnisse der Untersuchung bestätigen auf den ersten Blick die These, daß die Resonanzfähigkeit des ökonomischen Systems für die Ökologiethematik gering ist; was nicht in formale Organisation, Technik und Geld "übersetzbar" ist, kann kaum zum Thema werden. Auf der Ebene des Alltagsbewußtseins stellt sich dies als ein *auffallend durchschnittliches Niveau der Informiertheit und ein eher bescheidenes Spektrum an reflexiven Möglichkeiten* dar. Die Arbeitswelt selbst gibt (noch) wenig Anreize, sich auf (noch) systemfremde Perspektiven einzulassen. Man könnte auch sagen: sie bietet (noch) zu wenig Anreize, die vorhandenen Kapazitäten konsequent auf die Thematik anzuwenden. Wenn man sieht, mit welcher Behendigkeit die Manager sehr genaue Kosten-Nutzen-Analysen beispielsweise auf das Sammeln von Altglas, Papier oder das "Entfernen von Metallklammern aus Teebeuteln" aufwenden, gewinnt man den Eindruck, daß hier viele produktive, kognitive und soziale Ressourcen brach liegen, weil diese Kalküle von zu einfachen Vorstellungen und zu wenig Informationen ausgehen. Würden die vorhandenen Möglichkeiten etwa für "wahre" gesellschaftliche Kostenrechnungen - mit entsprechend differenzierteren Modellen - genutzt, so kann man sich ohne weiteres eine *Vielzahl produktiver Beiträge* zur ökologischen Diskussion vorstellen.

Dies wird von den Managern selbst zum Teil gesehen und damit begründet, daß die bestehenden Rahmenbedingungen falsche Vorgaben machen und falsche Signale setzen. Immer wieder taucht der Gedanke auf, eine entschlossene Politik (vertreten von Politikern mit Energie, Durchsetzungskraft und Vision) müßte gesetzliche Vorgaben machen und die Leute "mitreißen". Das gegenwärtige Positionsprofil erweist sich als nicht hinreichend innovationsfähig, um autonom Umorientierungen zu ermöglichen. Die erforderlichen Diskurse sind darin nicht vorgesehen; ihre empirische Gestalt - die Notwendigkeit, sie im politischen Schlingerkurs demokratischer Strukturen durchzusetzen - schreckt die Manager ab. Andererseits kann von einem konsistenten, resonanzunfähigen Weltbild keineswegs gesprochen werden. Eine *markante Bruchstelle* sind Erfahrungen im Privatleben, vor allem, daß Ehefrauen und Kinder, wie widersprüchlich auch immer, sich mit ökologischen Positionen identifizieren und zum Teil auch in die Praxis umsetzen. Dies sehen die Manager teils mit Kopfschütteln und Mißtrauen, teils aber auch mit Verblüffung und dem Gefühl von Unsicherheit. Mit anderen Worten: relevante Bezugsgruppen vertreten Positionen, mit denen eine Auseinandersetzung nicht mehr so einfach von der Hand zu weisen ist.

Die Konfrontation mit anderen als der ökonomisch-technischen Rationalität läßt bei den Managern *Verunsicherungen* erkennen. Die Konfliktlinien widerstreitender Rationalitäten sind nicht nur auf der Systemebene, sondern auch intrapersonell angelegt, bedürfen also eines Identitätsmanagements inmitten unterschiedlicher Erwartungen verschiedener Bezugsgruppen. Jede wirschaftliche Führungskraft ist nicht nur Bestandteil des ökonomischen Systems, sondern nimmt auch andere soziale Rollen wahr (z.B. jene des Konsumenten oder des Familienvaters), wodurch - so das übereinstimmende Ergebnis auch anderer Studien - in den wirtschaftlichen Führungskreisen zunehmende Identitätskrisen zu beobachten sind.

Dieser Prozeß wird sich fortsetzen. Es kommt nun darauf an, daß diese potentiellen Ansätze hin zu einer *sozial-ökologischen Betrachtungsweise von Wirtschaft und Gesellschaft* entwickelt werden und für Manager eine positive Identifizierungsbasis bieten. Bedingung dafür wäre auch, daß das Selbstverständnis dieser Gruppe von Entscheidungsträgern als (ökonomische) Elite durch eine stärkere Aufforderung zum Diskurs, durch Einbeziehung in gesellschaftliche Diskurse formal wie inhaltlich weiterentwickelt wird.

Literaturverzeichnis

Albach, H. (Hrsg.) (1990): Betriebliches Umweltmanagement, Wiesbaden

Barben, D./Dierkes, M. (1991): Wirtschaftsethik, Unternehmenskultur und Technikfolgenabschätzung - Orientierungsgrundlagen für die tägliche Praxis? In: Dierkes, M./Zimmermann, K. (Hrsg.), Frankfurt/Wiesbaden, 205-240

Beck, U. (1986): Risikogesellschaft. Auf dem Weg in eine andere Moderne, Frankfurt

Beck, U. (1991): Politik in der Risikogesellschaft, Frankfurt

Beutelmeyer, W./Baco, U./Koller, A./Starmayr, B. (1992): Umwelterwachen, Linz

Boesch, E.E. (1977): Psychopathologie des Alltags, Bern/Stuttgart/Wien

Bonß, W. (1991): Unsicherheit und Gesellschaft - Argumente für eine soziologische Risikoforschung. In: Soziale Welt 2/1991, 258-277

Börg, W./Matheisen, J./Voltenauer-Lagemann, M. (1983): Untersuchung des Umweltbewußseins der Bevölkerung im Hinblick auf die Bewertung des Umweltzustandes. Forschungsbericht des Sozialdata-Instituts

Brandt, A./Hansen, U./Schönheit, I./Werner, K. (Hrsg.) (1980): Ökologisches Marketing, Frankfurt/New York

Brunner, K.-M./Reiger, H. (1992): Ökologische Wissensbestände und Handlungsstrategien von Industriemanagern. In: Österreichische Zeitschrift für Soziologie 1/1992

Brunner, K.-M./Reiger, H./Schülein, J.A. (1992): Manager und Ökologie. Zum ökologischen Bewußtsein von Industriemanagern. In: Eisendle,R./ Miklautz, E. (Hrsg.): Produktkulturen. Dynamik und Bedeutungswandel des Konsums, Frankfurt/New York, 361-375

Club of Rome (1991): Die globale Revolution, Hamburg (SPIEGEL SPEZIAL 2/1991)

Dierkes, M./Fietkau, H.-J. (1988): Umweltbewußtsein - Umweltverhalten, Karlsruhe

Dierkes, M./Zimmermann, K. (1991): Ethik und Geschäft. Dimensionen und Grenzen unternehmerischer Verantwortung, Frankfurt/Wiesbaden

Eberwein, W./Tholen, J. (1990): Managermentalität. Industrielle Unternehmensleitung als Beruf und Politik, Frankfurt

Fietkau, H.-J./Thiede, L. (1986): Umwelt als kommunikative Herausforderung. Ansätze zu einer dialogischen Umweltberichterstattung, gdi-Impuls 4/1986, 3-8

Fülgraff, G. (1991a): Die Rolle der Wirtschaft in der Risikogesellschaft - Umweltrisiken und "proaktives" Handeln. In: Dierkes, M./Zimmermann, K. (Hrsg.), Frankfurt/Wiesbaden, 311-334

Fülgraff, G. (1991b): Ökonomische Instrumente und proaktives Handeln der Unternehmer. In: Kreibich, R. u.a. (Hrsg.), 31-44

Glaser, B.G./Strauss, A.L. (1967): The Discovery of Grounded Theory: Strategies for Qualitative Research, New York

Glauber, H./Pfriem, R. (Hrsg.) (1992): Ökologisch wirtschaften, Frankfurt

Huber, J. (1991): Unternehmen Umwelt. Weichenstellungen für eine ökologische Marktwirtschaft, Frankfurt

Inglehart, R. (1977): The Silent Revolution. Changing Voices and political styles among Western politics, Princeton

Institut für praxisorientierte Sozialforschung (IPOS) (1986): Einstellungen zu aktuellen Fragen der Innenpolitik 1986, Mannheim

Kessel, H./Tischler, W. (1984): Umweltbewußtsein. Ökologische Wertvorstellungen in westlichen Industrienationen, Berlin

Kohli, M. (1978): "Offenes" und "geschlossenes" Interview: Neue Argumente zu einer alten Kontroverse. In: Soziale Welt 1/1978, 1-25

Kreibich, R./Rogall, H./Boes, H. (Hrsg.) (1991): Ökologisch produzieren. Zukunft der Wirtschaft durch umweltfreundliche Produkte und Produktionsverfahren, Weinheim/Basel

Langeheine, R./Lehmann, J. (1986): Ein neuer Blick auf die soziale Basis des Umweltbewußtseins. In: Zeitschrift für Soziologie 5/1986, 378-384

Lau, Ch. (1989): Risikodiskurse: Gesellschaftliche Auseinandersetzungen um die Definition von Risiken. In: Soziale Welt 3/1989, 418-436

Lefebvre, H. (1972): Das Alltagsleben in der modernen Gesellschaft, Frankfurt

Leipert, Ch. (1989): Die heimlichen Kosten des Fortschritts. Wie Umweltzerstörung das Wirtschaftswachstum fördert, Frankfurt

Leithäuser, Th. (1975): Theorie des Alltagsbewußtseins, Frankfurt

Leithäuser, Th./Volmerg, B./Salje, G./Volmerg, U./Wutka, B. (1977): Entwurf zu einer Empirie des Alltagsbewußtseins, Frankfurt

Luhmann, N. (1986): Ökologische Kommunikation. Kann die moderne Gesellschaft sich auf ökologische Gefährungen einstellen?, Opladen

Luhmann, N. (1989): Ökologie und Kommunikation. In: Criblez, L./Gonon, Ph. (Hrsg.): Ist Ökologie lehrbar?, Bern, 17-30

Luhmann, N. (1990): Risiko und Gefahr. In: Ders.: Soziologische Aufklärung 5, Opladen, 131-169

Maloney, M.P./Ward, M.P. (1973): Ecology: Let's Hear from the People. In: American Psychologist 28/1973, 583-586

Maloney, M.P./Ward, M.P./Braucht, G.N. (1975): A Revised Scale for the Measurement of Ecological Attitudes and Knowledge. In: American Psychologist, 30/1975, 787-792

Mannheim, K. (1967): Wissensoziologie, Neuwied/Berlin

Merleau-Ponty, M. (1966): Phänomenologie der Wahrnehmung, Berlin

Oberholz, A. (1989): Wunsch und Realität - Umwelt. In: Wirtschaftswoche 17/1989, 60-66

Pfriem, R. (1992): Ökologische Unternehmenspolitik: Ziele, Methoden, Instrumente. In: Glauber, H./Pfriem, R. (Hrsg.), Frankfurt, 91-113

Piaget, J. (1983): Biologie und Erkenntnis, Frankfurt

Pross, H./Boetticher, K.W. (1971): Manager des Kapitalismus, Frankfurt

Scharrer, E. (1990): Industrielle Umweltpolitik. In: Albach, H. (Hrsg.), Wiesbaden, 41-54

Schmidheiny, St. (1992): Kurswechsel. Globale unternehmerische Perspektiven für Entwicklung und Umwelt, München

Schütz, A. (1972): Gesammelte Aufsätze, Bd. II, Den Haag

Simonis, U.E. (1988): Ökologische Wirtschaft und Wirtschaftspolitik. In: Ders.: Ökologische Orientierungen, Berlin, 33-48

Staehle, W. (1990): Management. Eine verhaltenswissenschaftliche Perspektive, München

Steger, U. (1988): Umweltmanagement. Erfahrungen und Instrumente einer umweltorientierten Unternehmensführung, Frankfurt/Wiesbaden

Steger, U. (1991): Läßt sich "ethische Unternehmensführung" verwirklichen? - Vom guten Vorsatz zur täglichen Praxis. In: Dierkes, M./Zimmermann, K. (Hrsg.) 1991, 187-204

Stratmann-Mertens, E./Hickel, R./Priewe, J. (Hrsg.) (1991): Wachstum. Abschied von einem Dogma, Frankfurt

Strauss, A.L. (1991): Grundlagen qualitativer Sozialforschung, München

Strumpel, B. (1986): Wie erleben die Bürger die Wirtschaft. In: Wirtschaftsdienst 1/1986, 26-30

Tippelt, H./Zimmermann, K. (1991): Zwischen Zweck- und Wertorientierung - Unternehmensethik in systemischer Perspektive. In: Dierkes, M./ Zimmermann, K. (Hrsg.), Frankfurt/Wiesbaden, 335-370

Ulrich, P./Thielemann, U. (1992): Ethik und Erfolg. Unternehmensethische Denkmuster von Führungskräften - eine empirische Studie, Bern/Stuttgart

Urban, D. (1986): Was ist Umweltbewußtsein? Exploration eines mehrdimensionalen Einstellungskonstrukts. In: Zeitschrift für Soziologie 5/1986, 363-377

Vereinigung Österreichischer Industrieller (VÖI) (1989): Umweltmanagement in Österreich, Wien

Weizsäcker, E.U.v. (1989): Erdpolitik. Ökologische Realpolitik an der Schwelle zum Jahrhundert der Umwelt, Darmstadt

Willke, H. (1989): Systemtheorie entwickelter Gesellschaften. Dynamik und Riskanz moderner gesellschaftlicher Selbstorganisation, Weinheim/München

Winter, G. (1987): Das umweltbewußte Unternehmen, München

Winter, G. (1992): Für ein integriertes System umweltorientierter Unternehmensführung. In: Glauber, H./Pfriem, R. (Hrsg.), Frankfurt, 124-130

World-Watch-Institute (1992): Zur Lage der Welt - 1992. Daten für das Überleben unseres Planeten, Frankfurt

ANHANG

0. Einleitung

Manager sind wichtige gesellschaftliche Entscheidungsträger. Da ökologische Probleme in unserer Gesellschaft zunehmende Wichtigkeit erlangen, wollen wir in diesem Projekt untersuchen, welche Vorstellungen und Meinungen Manager zu diesen Problemen haben. Konkret wollen wir mit Ihnen über drei Bereiche sprechen: Ihr berufliches Arbeitsfeld, Ihren privaten Lebensbereich und Ihre allgemeinen gesellschaftlichen Einschätzungen und Erwartungen an die Zukunft. Beginnen möchte ich das Interview mit Ihrem beruflichen Arbeitsfeld. Könnten Sie zu Beginn bitte kurz Ihren Arbeitsbereich beschreiben...

1. Beruf und ökologische Probleme:

- Beschreibung des beruflichen Handelns/Arbeitsplatzskizze
  - Art der Tätigkeit
  - Einstufung in der betrieblichen Hierarchie - Entscheidungskompetenzen
  - Zusammenhänge mit anderen Abteilungen/Geschäftsführung - Karriere und Perspektiven

Ich möchte Sie jetzt fragen, wo Sie in Ihrer unmittelbaren beruflichen Umgebung mit Umweltfragen konfrontiert sind?

- Wahrnehmung von Umwelt im Betrieb
  - wo spielt Umwelt eine Rolle?
  - Skizze von Umweltproblemen und deren Verursachung

- Thematisierung von Umweltthemen im Betrieb
  - wann wurden ökologische Fragen relevant und wodurch?

- wer wurde/ist damit befaßt?
- was wird warum wann thematisiert?
- gibt es unterschiedliche Auffassungen im Betrieb über die Relevanz/Dringlichkeit und warum?
- welche Rolle spielt das Umweltthema in Außenbeziehungen (Medien, Öffentlichkeit usw.) des Unternehmens?

- Branchenbezug
  - Vergleich mit anderen Betrieben der gleichen Branche; wie wird dort damit umgegangen?

- Bezug zum eigenen Handlungsbereich
  - genauere Beschreibung und Bewertung von Umweltproblemen im eigenen Handlungsbereich
  - wo gibt es Probleme, welche Vorstellungen über den Umgang mit diesen gibt es?
  - wie schaut das eigene Entscheidungsverhalten unter diesem Aspekt aus?
  - welche Bezüge zum ganzen Unternehmen sind tangiert?
  - Geschichte der Problematik und Erzählen von markanten Ereignissen
  - wo gibt es Konflikte mit der Thematik/dem Unternehmen/den Mitarbeitern?
  - wie wird mit Widersprüchen bzw. Konflikten umgegangen - Handhabbarkeit der Probleme oder Unberechenbarkeit? - Lösungsvorstellungen

- Zukünftige Entwicklung
  - Zukunftsvorstellungen in bezug auf den eigenen Handlungsbereich
  - wird Umweltthema wichtiger oder nicht?
  - Vorstellungen des zukünftigen Umgangs damit
  - eigene Einflußmöglichkeiten darauf
  - Einschätzung der "Bremser" bzw. "Vorantreiber"

An dieser Stelle würde ich nun gern überleiten zum zweiten Bereich des Interviews, nämlich zu Ihrem privaten Lebensbereich. Könnten Sie zu Beginn kurz beschreiben, wie und wo Sie wohnen, ob Sie Kinder haben...

2. Der private Manager und die Umwelt

- Beschreibung der privaten Lebensumstände (materiell und sozial)
  - Familienstand, Wohnformen, Haushaltsführung, Konsumgewohnheiten, Urlaubsgewohnheiten, Kinder, Tiere

- Umwelt und Haushalt
  - Rolle der Ökologie im Haushalt
  - wo werden Umweltrelevanzen wahrgenommen, wo gibt es Probleme? - Beschreibung der eigenen Stellung innerhalb des Haushaltszusammenhangs
  - Geschichte der Umweltwahrnehmungen: wie dringt das Umweltthema in den Haushalt ein, wie wird damit umgegangen?
  - gibt es Verhaltensänderungen, wenn ja warum, in welche Richtung
  - Ausgeliefertsein oder Handlungsmöglichkeiten Einflußmöglichkeiten usw.

- Speziell relevante Umweltthemen im Privaten
  - Thematisierung der Fortbewegungsmittel/Auto, Ernährungsgewohnheiten, Kleidung, Hobbies, Sport, Freizeitbereich
  - Rolle der Umwelt bei diesen Bereichen
  - Wahrnehmung von Problemen, Widersprüchen
  - Lebensstil (was mag man, was mag man nicht)
  - Unterscheidung zu anderen Lebensstilen bzw. Bevölkerungsgruppen

- Private Lebensphilosophie
  - wie wird gelebt und welche Rolle spielt die Umwelt dabei?

- wie wird es in Zukunft im eigenen Haushalt ausschauen, wie wird z.B. der eigene Haushalt im Jahre 2000 vorgestellt?

An dieser Stelle möchte ich nun gerne überleiten zum dritten Teil des Gesprächs und zwar Ihre Vorstellungen darüber, wie es in Zukunft weitergehen wird. Beginnen wir mit...

3. Allgemeine gesellschaftliche Entwicklungen/Zukunftsszenarios

- Allgemeine Zukunftsvorstellungen
  - auf die Welt bezogen, insgesamt, aber auch auf soziogeographische Räume (Kontinente, Nord-Süd-Gefälle etc.)

a) allgemeine Zukunftsvorstellungen

- in welche Richtung wird sich die Menschheit, die Weltgesellschaft generell entwickeln und warum?
- Stand und Entwicklungen von Gefährdungen
- Verursachungszuschreibungen und Lösungsstrategien (strukturell)
- wie kann mit Krisenentwicklungen umgegangen werden und wer soll/kann entsprechende Initiativen setzen? (Wirtschaft/Politik/Technik/Grüne)
- was wird geschehen, was soll geschehen?
- optimistische oder pessimistische Weltsicht

b) Zukunftsvorstellungen in bezug auf die Umweltproblematik

- welche Rolle spielt bei der Einschätzung der gesellschaftlichen Entwicklung die Umweltproblematik?
- Stand und Entwicklungen von Gefährdungen
- Verursachungszuschreibungen und Lösungsstrategien (strukturell)

- wie kann, mit Krisenentwicklungen umgegangen werden und wer soll/kann entsprechende Initiativen setzen? (Wirtschaft/Politik/Technik/Grüne)
- was wird geschehen, was soll geschehen?
- optimistische oder pessimistische Weltsicht

- Spezifische Umweltprobleme in nächster Zukunft
    - ausschließlich auf Österreich bezogen:
    - möglich: Ozon, Regenwald, Atom, Müll, Bevölkerungsexplosion, Verkehr; ein sichtbares Problem: z.B. Verkehr oder Müll; ein unsichtbares Problem: z.B. Luftverschmutzung

****

Intervieweinschätzung:

- Ergänzungen durch den Interviewpartner
    - ist etwas vergessen worden?
    - weitere inhaltliche Anmerkungen des Interviewten
    - themenbezogenes Resümee

- Interviewerfahrung
    - wie war das Interview?
    - Kontext des Interviews (Interviewsituation, soziale Situation)